Schäfer | Eberl

Habitatbäume als Steuerungsmittel aktueller Forstpolitik

Wald in Raum und Öffentlichkeit
Band 10

Schäfer | Eberl

Habitatbäume als Steuerungsmittel aktueller Forstpolitik?

Die Attraktivität von Zuwendungen des Bundes im Rahmen des Förderprogramms „Klimaangepasstes Waldmanagement“ am Beispiel der Habitatbaumausweisung im Stadtwald Gera

1. Auflage 2023

Bibliografische Information der Deutschen Nationalbibliothek

Die Deutsche Nationalbibliothek verzeichnet diese Publikation in der Deutschen Nationalbibliografie; detaillierte bibliografische Daten sind im Internet über dnb.ddb.de abrufbar.

Redaktionelle Mitarbeit: Oliver Klein, Philipp Korbmacher
Umschlaggestaltung: Jan Hüsing
Erfurt, 1. Auflage 2023

ISBN 9783757862909

Herstellung und Verlag: BoD - Books on Demand, Norderstedt
Die Wahl vom FSC-zertifiziertem Papier für den Druck erfolgte standardmäßig durch den Verlag, nicht auf Wunsch der Herausgeber.

Anhangsverzeichnis

Abbildungsverzeichnis

Tabellenverzeichnis

Formelverzeichnis

Nr.	Formel
(1)	$Ergebnis_{PS\,A}$[15] $_{[in\ €/a/ha\ HBF]} = Ergebnis_{BS}$[16] $_{[in\ €/a/ha\ HBF]} + Einnahmen_{FP}$[17] $_{[in\ €/a/ha\ HBF]}$ $- Aufwand_{FP\,A\,[in\ €/a/ha\ HBF]} ((\sum A, B, C, D) / 10a$[18]$)$
(2)	$Ergebnis_{PS\,B\,AS}$[22] $_{[in\ €/a/ha\ HBF]} = Ergebnis_{BS\,[in\ €/a/ha\ HBF]} + Einnahmen_{FP\,B\,[in\ €/a/ha\ HBF]}$ $- Aufwand_{FP\,B\,[in\ €/a/ha\ HBF]} (\sum A, B, C)$
(3)	$Ergebnis_{PS\,B}$[23] $_{[in\ €/a/ha\ HBF]} = Ergebnis_{BS\,[in\ €/a/ha\ HBF]} + (Einnahmen / 10\ a)_{FP\,B\,[in\ €/a/ha\ HBF]}$ $- Aufwand_{FP\,B\,[in\ €/a/ha\ HBF]} (\sum A, B, C / 10\ a)$
(4)	$V_{Dh}\ (in\ Efm) = BHD\ (in\ cm)^2 / 1000 * 0{,}8\ (Efm)$
(5)	$Zuschuss\ (€) = V_{Dh}\ (in\ Efm) *$ Mindestpreis für Industrieholz $* 1{,}2$
(6)	$Ergebnis_{PS\,A\,[€/a/ha\ HBF]} = 577{,}41_{[€/a/ha\ HBF]} + 20{,}07_{[€/a/ha\ HBF]}$ $- 1{,}54_{[€/a/ha\ HBF]} ((\sum 5{,}86; 3{,}34; 0{,}31; 5{,}93)/10a)$ $Ergebnis_{PS\,A} =$ 595, 94 €/a/ha HBF
(7)	$Ergebnis_{PS\,B\,(AS)\,[€/a/ha\ HBF]} = 577{,}41_{€/a/ha\ HBF]} + 412{,}48_{[€/a/ha\ HBF]}$ $- 27{,}69_{[€/a/ha\ HBF]} (\sum 18{,}23; 0{,}68; 8{,}78)$ $Ergebnis_{PS\,B\,(AS)} =$ 962,20 €/a/ha HBF
(8)	$Ergebnis_{PS\,B\,[in\ €/a/ha\ HBF]} = 577{,}41_{€/a/ha\ HBF} + (412{,}48 / 10\ a)_{€/a/ha\ HBF}$ $- 2{,}77_{€/a/ha\ HBF} ((\sum 18{,}23; 0{,}68; 8{,}78)/ 10\ a)$ $Ergebnis_{PS\,B} =$ 615,89 €/a/ha HBF

Abkürzungen

Akl.	Altersklasse
AS	Antragstellung
BAH	Bergahorn *Acer pseudoplatanus* L.
BHD	Brusthöhendurchmesser
BI	Hängebirke *Betula pendula* R.
BMEL	Bundesministerium für Ernährung und Landwirtschaft
BS	Basisszenario
BU	Rotbuche *Fagus sylvatica* L.
CO_2	Kohlenstoffdioxid
Efm	Erntefestmeter
EI	(Stiel-)eiche *Quercus (robur)* L.
ELA	Europäische Lärche Larix decidua MILL.
FI	Gemeine Fichte *Picea abies* L.
FoA	Forstamt
FP	Förderprogramm
FWJ	Forstwirtschaftsjahr
ha	Hektar
HBF	Holzbodenfläche
HBU	Hainbuche *Carpinus betulus* L.
HLH	Hartlaubholz
KB	Vogelkirsche *Prunus avium* L.
KI	Waldkiefer *Pinus sylvestris* L.
PA	(Zitter)-pappel *Populus (tremula)* L.
PB	Produktbereich
PCF	Policy Coherence Framework

PS	Projektszenario
REI	Roteiche *Quercus rubra* L.
TMIL	Thüringer Ministerium für Infrastruktur und Landwirtschaft
Vfm	Vorratsfestmeter
„* “	wird als Symbol für „multipliziert mal“ verwendet
„ / “	wird auch als Symbol für „dividiert durch“ verwendet

1 Danksagung

Im Sinne dieses Abschnitts gilt es in erster Linie zu betonen, dass eine wissenschaftliche Arbeit wie diese eben nicht nur das Ergebnis einer einzelnen Person ist. Vielmehr nahm eine Reihe von Personen – bewusst oder unbewusst – Einfluss auf den Arbeitsprozess und die Thesis als solches.

Zu Beginn darf ich mich bei meinem Erstbetreuer Prof. Dr. Justus Eberl bedanken. Die Umstände waren nicht die Einfachsten. Zum Zeitpunkt des Prozessbeginns ist dieser erst kürzlich von der Fachhochschule Erfurt auf die Professur berufen worden. Seine doch erhebliche berufliche Auslastung und ein gewiss starker Zeitmangel hinderten Ihn jedoch nicht an der Begleitung meiner Arbeit. Die Erstbetreuung war für mich insbesondere sehr gewinnbringend, indem sie nach der Themenfindung den Einstieg in den Forschungsprozess ermöglichte und um eine strukturelle Basis zu legen. Der lockere Umgang, den Prof. Eberl an den Tag legte, in Verbindung mit seiner fachlichen Kompetenz motivierten mich stets zum zielgerichteten und akribischen wissenschaftlichen Arbeiten.

Weiterer Dank gilt der Fachhochschule Erfurt, an welcher ich das Bachelorstudium absolvieren durfte und die somit den forstlichen Grundstein legte. Besonders danken möchte ich dem Dekan der forstlichen Fakultät Prof. Erik Findeisen, der die Verbindung zu meinem damaligen Praxispartner und zukünftigen Arbeitgeber herstellte.

An dieser Stelle seien die beiden Geschäftsführer der Firma Baldauf, Sebastian und Lutz Baldauf genannt. Bereits während meines Studiums hat mich die Firma Baldauf nicht nur finanziell unterstützt. Ich lernte, die theoretischen Inhalte mit den Augen eines Praktikers einzuordnen. Neben der beruflichen Praxis sind Loyalität und Zielstrebigkeit die wichtigsten Attribute, die ich aus dieser Zeit mitnehme. Trotz vollem Terminplan nahm sich Lutz Baldauf als Zweitbetreuer dieser Arbeit stets Zeit für mich und meine Fragen. Im Forschungsprozess motivierte er mich, in das ganzheitlich wissenschaftliche Arbeiten die Perspektive des forstlichen Praktikers und betriebswirtschaftliche Herangehensweisen zu integrieren. Besonders wertvoll war dabei seine hervorragende Eigenschaft, kein Blatt vor den Mund zu nehmen und Dinge vereinfacht auf den Punkt zu bringen.

Weiteren Dank möchte ich meiner Familie, vor allem meinen beiden Eltern und meiner lieben Schwester, sowie meinen Freunden aussprechen. Diese Menschen haben mich trotz meiner gelegentlichen Sturheit stets bei allem unterstützt, so auch bei dieser Arbeit. Das ist keinesfalls selbstverständlich.

2 Einleitung

Bedingt durch den Klimawandel verändern sich die Wirtschaftsergebnisse von Forstbetrieben in den letzten Jahren stark. Abiotisch und biotisch bedingte Störungsketten führen in zahlreichen Forstbetrieben zu erheblichen unplanmäßigen Zwangsnutzungen. Stark schwankende Rohholzpreise verschärfen die betriebswirtschaftlich ungünstige Situation vieler Betriebe. Es ist fraglich, ob entstehende Kosten noch hauptsächlich durch den Holzverkauf getragen werden können, insbesondere unter Einbezug der sich aus den Kalamitäten ergebenden Aufwände für Wiederbewaldung und Waldumbau hin zu mehr Klimaresilienz. Besonders passend zusammengefasst ist die Problematik in einem Text von Bernhard Möhring und Nicolaus Graf v. Hatzfeldt aus der Zeitschrift AFZ DerWALD: „Das wirtschaftlich Tragische ist, dass der Substanzabbau in den Betrieben nicht zu nennenswerten finanziellen Reserven geführt hat, auf die in den Folgejahren beim Wiederaufbau zurückgegriffen werden könnte." (MÖHRING & v. HATZFELDT, 2021, S. 12).

Am 11.11.2022 veröffentlichte das Bundesministerium für Ernährung und Landwirtschaft die „Richtlinie für Zuwendungen zu einem klimaangepassten Waldmanagement" (s. Anhang 1.1, S. i ff.). Der Zuwendungszweck stellt eine Bewirtschaftungsänderung auf den jeweiligen Flächen durch besondere Maßnahmen dar, die zu mehr Klimaanpassung führen sollen. Dieses klimaangepasste Waldmanagement erhalte resiliente, anpassungsfähige und produktive Wälder, erhöhe die biologische Vielfalt und trage zum Klimaschutz sowie dem Erhalt weiterer Ökosystemleistungen bei (BMEL, 2022 a, S. 1). Die Kohlenstoffsenkenleistung des Waldes als wichtiger Beitrag zum Klimaschutz nimmt zunehmend eine immer höhere Bedeutung im forstpolitischen Diskurs ein. Auch in der genannten Richtlinie ist die Klimaschutz- bzw. Kohlenstoffsenkenleistung von besonderer Relevanz. Die Präambel beginnt bereits mit dem Begriff „Klimaschutz" und ist u.a. Zweck der Zuwendung (vgl. ebd.).

Zurzeit wird der Umgang mit der Richtlinie unter nahezu allen Interessensgruppen der Forstbranche diskutiert. Das Thema dieser Arbeit ist somit hinreichend aktuell. Das Programm bietet eine neue Möglichkeit für kommunale und private Waldbesitzende, flächenbezogene Einnahmen zur Honorierung von Ökosystemleistungen des Waldes für mindestens zehn Jahre zu generieren (ebd. S. 5). Dafür verpflichtet sich der Flächeneigentümer jedoch zur nachweislichen Einhaltung von 11 bzw. 12 Kriterien für ein „Klimaangepasstes Waldmanagement", die über den gesetzlichen Rahmen bzw. derzeitig bestehende Zertifizierungen hinausgehen (ebd. S.1).

Diese Arbeit soll einerseits einen evaluativen Beitrag zum genannten Programm liefern, andererseits aber auch als Handreichung für die praktische Umsetzung dienen und die genauen Begrifflichkeiten klären. Untersuchungsbedarf besteht beispielsweise darin, ob die Umsetzung der Kriterien mittelfristig die Klimaschutzfunktion des Waldes fördert. Zu klären bleibt ebenso, wie genau die Managementmaßnahmen in der Praxis umgesetzt werden und ob die Zuwendungshöhe die mutmaßlich entstehenden Mehraufwendungen für gesteigerte Managementmaßnahmen überhaupt ausgleicht. Im Rahmen der Arbeit sollen diese Fragestellungen anhand des Kriteriums 2.2.8 der Habitatbaumausweisung – untersucht werden. Der Beispielbetrieb, in dem auch die Flächenversuche realisiert werden, ist der Stadtwald Gera. Der Durchführungszeitraum der Graduierungsarbeit erstreckt sich auf die Monate Januar und Februar 2023. Detaillierte Ausführungen zu Arbeitsschritten finden sich im Kapitel 3.4 auf Seite 9.

3 Theorie und Gang der Untersuchung

3.1 Theorie: Policy Coherence Framework

Zu Beginn dieses Kapitels sei betont, dass in dieser Arbeit zwar politikwissenschaftliche Ansätze angewandt werden, dies jedoch nur in Grundzügen. Die Untersuchungen beschäftigen sich vornehmlich aus einer praxisorientierten Perspektive mit dem Eingangskonflikt. Aufgrund des limitierten Umfangs und der begrenzten Bearbeitungszeit steht in diesem Rahmen also weniger eine holistische und abstrahierende Betrachtung, sondern eher der Einzelfall- und Sachbezug (das untersuchte Programm und dessen praktische Umsetzung) im Vordergrund. Ausführliche und tiefgreifende Auseinandersetzungen mit politikwissenschaftlicher Theorie und Methodik liefert EBERL (2020).

In der Politikwissenschaft können drei Dimensionen unterschieden werden, in denen analysiert werden kann. So unterscheidet EBERL (2020, S. 35):

- „Formale, verfasste Dimension: Polity (Gesetze, Institutionen),
- Inhaltliche Dimension: Policy (Politikinhalte, Politikfeld) und
- Prozessuale Dimension: Politics (politische Prozesse)“.

Diese Arbeit tangiert insbesondere die inhaltliche Dimension, die als „Policy“ bezeichnet wird. Betrachtet werden also vor allem die Policies, gemeint sind die Zielsetzungen und Inhalte der Politikfelder, die mit dem untersuchten Programm formuliert und umgesetzt werden sollen. Sie finden sich im Zuwendungszweck und der Präambel der Richtlinie wieder. Zielsetzungen sind der Erhalt und die Entwicklung „resilienter, anpassungsfähiger und produktiver Wälder“ (BMEL, 2022 a, S. 1). Erreicht werden könne dies durch eine Änderung der Bewirtschaftung im Rahmen eines „in besonderem Maße an den Klimawandel angepassten Waldmanagements“ (ebd.). Die einzuhaltenden Kriterien würden zur Verbesserung der Biodiversität beitragen, andere Ökosystemleistungen[1] sichern und dem Ziel Klimaschutz gerecht werden. Fasst man den

[1] Ökosystemleistungen können als direkte oder indirekte Beiträge von (Wald)ökosystemen zum Wohlergehen und Überleben des Menschen verstanden werden. Sie müssen in einem multifunktionalen Kontext betrachtet werden. Um nur einen geringen Teil der Leistungen beispielhaft zu nennen, erfüllen Wälder menschliche Bedürfnisse in den Bereichen Freizeit, Erholung, Rohstofferzeugung, Wasserspeicherung, Kohlenstoffspeicherung, Kohlenstoffsenkung und Klimaregulation. Ihre Wirkung ist von zahlreichen Faktoren abhängig, vor allem vom Klima und dem Klimawandel aber auch von der Form der Bewirtschaftung (WBW, 2021, S. 1 ff.).

Zuwendungszweck und die Präambel zusammen, sind die zentralen politischen Zielsetzungen neben der Klimaschutzfunktion und dem Erhalt des Kohlenstoffspeichers Wald auch alle weiteren Ökosystemleistungen, wie der Schutz der biologischen Vielfalt, Nutz- und Erholungsfunktionen etc. Bezüglich des Aspektes Klimaschutz sei auf das Folgekapitel dieser Arbeit verwiesen. Wie sich die politischen Ziele in der Umsetzung auswirken, soll im folgenden Theorieteil geklärt werden.

Nach NILSSON et al. (2012, S. 396) zit. nach (EBERL J. , et al. 2021, S. 416) wird das Policy Coherence Framework (PCF) betrachtet „as an attribute of policy that systematically reduces conflicts and promotes synergies between and within different policy areas to achieve the outcomes associated with jointly agreed policy objectives". Politische Kohärenz meint also das Zusammenwirken verschiedener politischer Ebenen, Institutionen, Politikbereiche und Politikinstrumente, die miteinander in Zusammenhang stehende Ziele verfolgen, ohne sich dabei zu widersprechen oder negativ zu beeinflussen, ja eventuell sogar Synergien zu erzeugen. EBERL (2020, S. 51) definiert in seiner Dissertation diesen Begriff wie folgt: „Politik-Kohärenz beschreibt die Eigenschaft von Politiken, Konflikte innerhalb und zwischen Politikfeldern systematisch zu reduzieren und Synergien zu fördern, um Politikziele zu erreichen". Vor allem im Bereich der Landnutzung, dem sich auch diese Arbeit widmet, sei eine kohärente Politik besonders bedeutsam. Diese Feststellung begründet EBERL (2020, S. 60) mit folgender Ursache: „Die Begrenztheit der Wald- und Landressource drängt daher bereits von sich aus zu einer kohärenten Politikgestaltung [...]."

EBERL (2020, S. 52 f.) unterscheidet in seiner Studie vier verschiedene Formen von Politikkohärenz:

- Vertikale Kohärenz bezeichnet die Kohärenz zwischen verschiedenen politischen Ebenen (z.B. subnational zu national).
- Horizontale Kohärenz: Hier wird die Kohärenz auf gleicher politisch-administrativer Ebene untersucht.
- Externe Kohärenz untersucht die Beziehungen und Wechselwirkungen eines Politikfeldes mit anderen Bereichen (beispielsweise Klimaschutz und Biodiversität).
- Interne Kohärenz bzw. Binnen-Kohärenz meint die Kohärenz z.B. von verschiedenen Programmen innerhalb eines Politikfeldes.

Im Rahmen dieser Arbeit gibt es insbesondere Berührungspunkte mit der vertikalen Kohärenz. Untersucht wird in einem Programmvergleich, wie die politischen Ziele auf den verschiedenen politischen Ebenen (national: Bundesrichtlinie, subnational:

Thüringer Richtlinie) umgesetzt werden (s. Kap. 4.1, S. 12; 5.1, S. 21). Dabei spielen hauptsächlich interne Betrachtungen eine Rolle. Die externe Dimension, d.h. Wechselwirkungen von Zielen eines Politikbereiches (z.B. Klimaschutz) mit Inhalten anderer Politikbereiche (Biodiversität), wird nur peripher tangiert. Neben der vertikalen Kohärenz berührt diese Untersuchung auch die horizontale, da (unterschiedliche) Politikziele auf ein und derselben Ebene (z.B. Zielsetzungen verschiedener Politikfelder im Bundesprogramm) beleuchtet werden. Es klingt bereits an, dass diese verschiedenen Kategorien meist in kombinierter Form betrachtet werden.

Wie bereits beschrieben, dient das Bundesprogramm „Klimaangepasstes Waldmanagement" – als zentraler Gegenstand dieser Arbeit – der Umsetzung der in dessen Präambel bzw. Zuwendungszweck beschriebenen gesellschaftlichen und politischen Ziele. Damit kann das Förderprogramm als ein politisches Instrument verstanden werden. Politikinstrumente können nach ihrer Wirkweise in harte und weiche Instrumente unterteilt werden (© 2023 Öko-Institut e.V., kein Datum). Harte Instrumente sind durch ihre Allgemeinverbindlichkeit gekennzeichnet. Beispiele hierfür sind Steuern, Ge- und Verbote sowie Haftungs- und Planungsrecht (ebd.). Hingegen beruhen weiche Politikinstrumente, wie das untersuchte Förderprogramm, auf Freiwilligkeit. Hierzu zählen Informationsangebote, kooperative Instrumente aber auch Subventionsprogramme (ebd.). An dieser Stelle sei ausdrücklich betont, dass neben oben genannten politischen Zielen wie Klimaschutz und Biodiversität, es außerdem ein zentrales Ziel des Bundesprogramms sein sollte, die durchzuführenden Managementmaßnahmenausreichend zu vergüten. Es bedarf also ausreichend finanzieller Anreize, um wirtschaftlich arbeitende Betriebe zu einer freiwilligen Teilnahme am Programm zu bewegen, damit dieses in relevantem Maß überhaupt Anwendung finden kann.

Wie die politischen Zielsetzungen sich durch das Förderprogramm als Politikinstrument in der Umsetzung auswirken, ist Untersuchungsgegenstand dieser Arbeit. Konkret soll am wirtschaftlich arbeitenden Beispielbetrieb geklärt werden, auf welche Weise die Maßnahmen praktisch umgesetzt werden können und ob die Erfüllung des Kriteriums 2.2.8 der Habitatbäume (BMEL, 2022 a, S. 2) tatsächlich zur Erreichung der politisch verfolgten Zielsetzungen führt.

3.2 Hypothesen

Wie bereits umrissen, besteht das Ziel des Programms in der Änderung der Bewirtschaftung durch die Umsetzung eines durch 11 bzw. 12 Kriterien charakterisierten „Klimaangepassten Waldmanagements". Für den genannten

Beispielbetrieb müssten alle 12 Kriterien obligatorisch eingehalten werden, da dessen Flächengröße die 100-Hektar-Grenze überschreitet (BMEL, 2022 a, S. 2). Weiter im Zuwendungszweck aufgeführt ist, dass dieses Management einen Beitrag zum Klimaschutz leiste (s. ebd., S. 1). Klimaschutz ist folglich eines der Teilziele des Programms. Laut dem Wissenschaftlichen Beirat für Waldpolitik des BMEL (2021, S. 41 ff.) kann die Ökosystemleistung Klimaschutz in unterschiedliche Teilleistungen unterteilt werden. Bezogen auf den globalen Klimawandel liefern Wälder neben ihrem Einfluss auf die Strahlungsbilanz nach LUYSSAERT et al. (2010) einen wichtigen Beitrag zur terrestrischen Kohlenstoffsenke und sind zugleich auch Kohlenstoffspeicher. Die Senkenleistung ist damit zentraler Bestandteil der Ökosystemleistung Klimaschutz und wird in der Präambel explizit erwähnt (BMEL, 2022 a, S. 1). Folgende Hypothese wird für den Untersuchungsprozess festgehalten:

„Das Programm des Bundes kann in Bezug auf das Ziel „Klimaschutz" als erfolgreich betrachtet werden, wenn durch dessen Umsetzung die Kohlenstoff-Senkenleistung auf der Fläche mittelfristig gesteigert wird."

Mittelfristig ist eine relative Zeitangabe. Der Wissenschaftliche Beirat für Waldpolitik (2021, S. 190) führt im Glossar zum Begriff Senkenleistung zwei Beispiele für eine mittelfristige Speicherung an: zum einen „mehrjährige Biomassekompartimente" und zum anderen die „organische Bodensubstanz". Wichtig zur Erklärung der Mittelfristigkeit ist das Attribut „mehrjährig". Die Senkenleistung hält über mehrere Jahre an, bis zu dem Zeitpunkt, an dem durch natürliche Prozesse wie die Mineralisierung der Biomasse, mehr CO2 frei wird, als gebunden werden kann. Durch KRUG et al. (2010, S. 5) wird diese Feststellung gestützt und abschließend zusammengefasst: „Prinzipiell kann die Speicherung von Treibhausgasen [...] in den forstlichen Pools [...] nur als vorübergehend bewertet werden."

Des Weiteren soll die Umsetzung des Kriteriums 2.2.8 Habitatbaum untersucht werden. Das Programm richtet sich an kommunale und private Waldbesitzende (BMEL, 2022 b, S. 1). Da diese Formen des Waldbesitzes in den meisten Fällen wirtschaftlich arbeiten müssen, bleibt zu klären, ob eine Umsetzung der Kriterien überhaupt ökonomisch erstrebenswert sein kann. Folgende Hypothese wird diesbezüglich aufgestellt:

„Die Teilnahme am Bundesprogramm kann als attraktiv angesehen werden, wenn die Höhe der Zuwendung die durch Managementmaßnahmen entstehenden Mehraufwendungen und Mindererlöse übersteigt."

Um die Hypothesen im Laufe des Arbeitsprozesses zu bewerten und ggf. zu klären, werden sowohl rechtliche als auch forstökonomische Methoden angewandt. Hier sei auf das Kapitel 5 beginnend mit Seite 21 verwiesen.

3.3 Eingrenzung der Untersuchung

Die Tatsache, dass der Begriff „Habitatbaum" nicht klar bzw. in verschiedenen Quellen sehr unterschiedlich definiert wird, bietet Untersuchungsbedarf und führte mitunter zur Auswahl dieses Kriteriums. Die Arbeit soll also die Begrifflichkeiten klären und klar analysieren, welche Baumindividuen im Kontext des Bundesprogramms als Habitatbäume ausgewählt werden können.

Um auf die bereits beschriebenen Konflikte um politische Zielsetzungen, wirtschaftliche Attraktivität und die praktische Umsetzung eingehen zu können, wird in dieser Arbeit induktiv vorgegangen. Inwieweit vom Einzelkriterium Habitatbaum und einer modellhaften Szenarienbildung jedoch auf den Gesamtkontext betreffende Ergebnisse geschlossen werden kann, wird sich im Folgenden noch klären. An dieser Stelle sei auch noch einmal auf den Theorieteil (Kap. 3.1, S. 4) verwiesen. Ein stark praxisorientierter und eher anwendungsbasierter Untersuchungsansatz ist in dem Sinne auch als Eingrenzung der Methodik zu betrachten, ebenso wie die vorrangige Konzentration auf das Politikfeld „Klimaschutz".

Zur Wahrung der Praxisnähe und -relevanz, wird die Fragestellung an einem Beispielbetrieb untersucht. Dies grenzt in gewisser Weise die Repräsentativität für andere Betriebe ein. Ausgewählt wurde der Stadtwald Gera. Es gibt mehrere Gründe für die Auswahl des Betriebes als Untersuchungsgegenstand. Zum einen gehört er der Eigentumsform des Kommunalwaldes an, auf die sich die Richtlinie neben dem Privatwald bezieht (BMEL, 2022 b, S. 1). Bezogen auf die Flächengröße ist er mit ca. 743 Hektar Holzbodenfläche, verglichen mit anderen Kommunalforsten, ein recht großer Betrieb. Demzufolge ist er von regionaler Bedeutung und nimmt eventuell auch eine gewisse Vorbildfunktion ein. Eine flächenbezogene Förderung, wie die hier untersuchte, könnte besonders für größere Forstbetriebe lohnenswert sein, auch wenn die Zuwendungshöhe nach der Betriebsgröße abgestuft ist (BMEL, 2022 a, S. 3). Probleme macht im Moment jedoch die De-minimis-Regelung[2]. Derzeitig macht die Teilnahme am

---

[2] De-minimis bedeutet, dass zum jetzigen Zeitpunkt nach der Verordnung (EU) Nr. 1407/2013 bestimmte Beihilfen, so auch diejenigen des Programms „Klimaangepasstes Waldmanagement", als De-minimis-Beihilfen klassifiziert werden. Diese dürfen für ein einzelnes Unternehmen (der

Förderprogramm für den Stadtwald aufgrund von De-minimis nach der Aussage des Revierleiters Ronald Felgner noch keinen Sinn. Dies beeinträchtigt jedoch die vorliegende Untersuchung nicht. Seitens der Stadt Gera wird auf eine Aufhebung der De-minimis-Auflage gewartet. Seitens des BMEL wurde bekanntgegeben, dass das Ministerium für Anträge ab dem Jahr 2023 eine beihilferechtliche Freistellung des Programms anstrebt (BMEL, 2022 c). Das grundsätzliche Vorhaben der Teilnahme am Bundesprogramm nach dieser Freistellung ist ein weiterer Aspekt, wieso der Stadtwald als Beispiel gewählt wurde, ebenso wie die Bereitschaft der Herausgabe vertraulicher Daten zu Zwecken der Szenarienbildung und Analyse.

Da nicht die gesamte Betriebsfläche untersucht werden kann, ist die Wahl der Projektflächen ebenfalls als Eingrenzung zu sehen. Diese Versuchsflächen umfassen einerseits eine Teilfläche, zum zweiten die gesamte Abteilung 20. Diese wurde in Absprache mit dem Revierleiter gewählt, um den Gesamtbetrieb mit entsprechenden Laub- und Nadelholzanteilen (mehr dazu in Kap. 4.2, S.16) zu repräsentieren.

3.4 Gang der Untersuchung

Wie in anderen wissenschaftlichen Arbeiten, stand auch in dieser Bachelorthesis die Recherche und Einarbeitung in das Thema am Beginn der Untersuchung

Der erste Arbeitsschritt nach der Themenfindung und Formulierung eines Arbeitstitels war der strukturelle Aufbau der Arbeit in Form einer vorläufigen Gliederung. Nach einer Einführung in die Thematik werden die Hypothesen formuliert, an denen sich im Rahmen des Forschungsprozesses orientiert werden soll. Anschließend wird dem Leser der Theorieteil nähergebracht sowie der grobe Ablauf der Untersuchung skizziert und eine Selbstverortung des Verfassers (s. Folgekapitel) im Arbeitsprozess gegeben. Im Kapitel 4 „Material und Begriffsdefinition“ wird erstmalig auf das Förderprogramm des Bundes näher eingegangen und die Begrifflichkeiten im Vergleich mit einem Programm auf Landesebene und weiterer Literatur weitgehend wertungsfrei definiert. Auch wird der Untersuchungsbetrieb charakterisiert.

Anschließend folgt die Methodik. Hier soll dem Leser die genaue Vorgehensweise und alle Annahmen sowie Einschränkungen, die gemacht werden, nähergebracht werden, um die Untersuchung so wiederholgenau wie möglich abzubilden. Begonnen wurde mit der juristischen Begriffsauslegung zur Klärung und Interpretation unbestimmter

---

Unternehmensbegriff wird genauer definiert) innerhalb von drei Kalenderjahren den Beihilfen-Höchstbetrag von 200 000 EUR nicht überschreiten. Damit soll einer Verfälschung des Wettbewerbs entgegengewirkt werden (Europäische Kommission, 2013).

Begrifflichkeiten in Zusammenhang mit den beiden Programmen. Deren Zwischenergebnis liefert die Basis und den grenzgebenden Rahmen für die darauffolgende Szenarienbildung. Die Kapitel der Szenarienbildung sowie die Messmethoden beschreiben unter anderem die Vorgehensweise im daraufhin realisierten Flächenversuch.

Nach der Aufnahme im Gelände werden die erhobenen Daten am Schreibtisch digitalisiert, analysiert und im Ergebnisteil der Arbeit zusammenfassend dargestellt. Abschließend folgt die Diskussion und die Ergebnisse werden interpretierend und wertend auf die Forschungsfrage bezogen. Erst am Ende der Untersuchung wird dabei der Zusammenhang mit der Kohlenstoff- und Klimaschutzthematik hergestellt, da die Resultate der vorangegangenen Szenarienbildung den Ansatz hierfür geben.

Weiterhin Erwähnung finden soll, dass die beschriebenen Arbeitsschritte nur einen groben Abriss darstellen. Dieser dient zum Verständnis des grundsätzlichen Ablaufes und als Orientierung für den Leser. Vielmehr handelt sich jedoch in der Graduierungsarbeit nicht um eine rein chronologische Abarbeitung von Arbeitsschritten, sondern um einen Prozess der Selbsterkenntnis. Die beschriebene logisch aufeinander aufbauende Chronologie konnte nicht in jedem Fall immer vollumfänglich eingehalten werden. Einzelheiten mussten im Rahmen des wissenschaftlichen Untersuchungsprozesses angepasst und abgeändert werden.

3.5 Selbstverortung im Forschungsprozess

Die Selbstverortung im Untersuchungsprozess dient dem Leser unter anderem zur Einordnung der Arbeit in den Kontext des „kognitiven und biographischen Hintergrund[es] des Forschenden" (EBERL J. , 2020, S. 127). Die „Verortung [des Verfassers] im Forschungsfeld" sowie die „äußeren Umstände der Entstehung" der Arbeit, seien der Sicherstellung der Wissenschaftlichkeit und fachlichen Richtigkeit dienlich (vgl. ebd.).

Zur Beurteilung des Hintergrundes des Verfassers sei auf dessen Kurzlebenslauf (Anhang 3, S. xxiii) verwiesen

Es wurden größtenteils in elektronischer Form zugängliche Quellen verwendet, insbesondere normative Dokumente, Dissertationen, Gutachten und Paper. Hinsichtlich der politikwissenschaftlichen Theorie bot die Dissertation von Herrn Prof. Dr. Eberl (EBERL J. , 2020) Orientierung. Für die juristische Auslegung wurde vor allem die „Methodenlehre der Rechtswissenschaft" (LARENZ, 1995) verwendet. Die wissenschaftliche Stilistik und Methodik sind an den Leitfaden von HUSS (2014) angelehnt. Weiterhin muss die fachhochschulinterne „Richtlinie zur Gestaltung wissenschaftlicher Arbeiten" (FH Erfurt, 2015) stilistisch und formell eingehalten werden. Diese widerspricht sich jedoch in Teilen mit HUSS (2014). Die aktuelle Forsteinrichtung (ROPTE, 2016) dient u.a. als Datengrundlage der Szenarienbildung. Als Berechnungstool für die Quantifizierung der Klimaschutzleistung wird der DFWR-Klimarechner (DFWR, 2018) verwendet. In dieser Reihe sticht besonders die „Richtlinie für Zuwendungen zu einem klimaangepassten Waldmanagement" (BMEL, 2022 a) hervor, die zugleich Gegenstand und meistverwendete Quelle der Untersuchung ist.

4 Material und Begriffsdefinition

4.1 Förderrichtlinie und weiteres Forstrecht

4.1.1 Definition und Begriffserklärung in der Förderrichtlinie des Bundes

Für den Begriff „Habitatbaum“ existiert keine einheitliche und verbindliche Definition in der Literatur. Deshalb ist es im Sinne des Programms notwendig, diesbezüglich Klarheit zu schaffen, um eine Verfehlung der Programmvorgaben in deren Umsetzung zu vermeiden.

Mit dem Kriterium 2.2.8 (BMEL, 2022 a, S. 2) werden diese für die Durchführung der Maßnahme Habitatbaumausweisung als Zuwendungsgegenstand erläutert. Bedeutsam ist außerdem die Ausführung Nr. 2.3 (ebd.), die die Anwendung des jeweiligen Kriteriums verbietet, wenn dessen Einhaltung eine rechtliche Regelung bzw. eine aufgrund einer rechtlichen Regelung erlassene Anordnung oder Maßnahme entgegenstehe. Es wird obligatorisch festgelegt, dass die Kriterien in Verbindung mit den fachlichen Erläuterungen in der Anlage (s. ebd., S. 10) anzuwenden sind, auf welche noch eingegangen wird.

Nach der Richtlinie müssen mindestens fünf Habitatbäume oder Habitatbaumanwärter (auf diese Begriffe wird folgend eingegangen) ausgewiesen werden. Mit dieser Vorgabe wird die Quantität festgelegt. Außerdem werden die Kennzeichnung und der Erhalt dieser Anzahl an Bäumen vorgeschrieben. Bis auf die Vorgabe aus der Anlage (s. ebd.), dass die Kennzeichnung permanent zu sein hat, werden diesbezüglich keine weiteren Bestimmungen festgelegt. Die nachweisliche Ausweisung hat spätestens zwei Jahre nach der Antragstellung zu erfolgen und die ausgewiesenen Bäume verbleiben bis zur natürlichen Zersetzung auf der Fläche. Zuletzt wird festgelegt, dass, wenn eine Verteilung dieser fünf Habitatbäume pro Hektar nicht möglich ist, diese auch anteilig auf der Antragsfläche verteilt werden können. Nach der Anlage zu 2.2.8 (ebd., S. 10) werden jedoch Flächen zur anteiligen Verteilung ausgeschlossen, auf denen nach Kriterium 2.2.12 (s. ebd., S. 2) eine „natürliche Waldentwicklung“ stattfinden soll oder auf denen gesetzlich die Holznutzung untersagt wurde.

Im Folgenden werden die wesentlichen diese Arbeit betreffenden Begrifflichkeiten mithilfe der Anlage zur Richtlinie (s. ebd., S. 10) geklärt. Der Begriff „Habitatbaum“ wird durch zwei wesentliche Eigenschaften definiert:

- Es handelt sich um einen stehenden Baum.
- Dieser trägt ein Mikrohabitat.

Dort (ebd.) ist explizit erwähnt, dass dieser stehende Baum lebendig oder tot sein dürfe und dass für die Auswahl keine absoluten Dimensionen oder Altersvorgaben vorgeschrieben seien. Mikrohabitate werden in diesem Zuge als „kleinräumige oder speziell abgegrenzte Lebensräume“ definiert. Jene Mikrohabitate würden durch verschiedene Ursachen entstehen. Angegeben werden in der Anlage: Verletzungen, Tier- und Pflanzenaktivitäten, Wuchsstörungen und „Eigenarten des Baumes“. Beispielhaft aufgezählt sind: „Flechten, Rindentaschen nach Blitzschlag, Spechthöhlen, sogenannte Hexenbesen[3] oder Efeubewuchs“ (BMEL, 2022 a, S. 10).

Neben den bereits definierten Habitatbäumen können auch als Habitatbaumanwärter bezeichnete Bäume zur Erfüllung des Kriteriums 2.2.8 ausgewiesen werden. Gemeint sind Individuen, die zukünftig zu Habitatbäumen werden können. Einziges in der Anlage der Richtlinie (BMEL, 2022 a, S. 10) aufgeführtes Charakteristikum ist das Vorhandensein von sich entwickelnden „Mikrohabitat-geeignete[n] Strukturen [...], die sich in Entwicklung befinden“.

4.1.2 Definition und Begriffserklärung in der Förderrichtlinie des Freistaates Thüringen

Als Vergleichsgegenstand auf politisch vertikaler Ebene (vgl. Kap. 3.1, S. 4) zum Förderprogramm des Bundes dient die „Thüringer Richtlinie zur Förderung forstwirtschaftlicher Maßnahmen“ des Thüringer Ministeriums für Infrastruktur und Landwirtschaft (TMIL, 2020). Diese Ausführungen beziehen sich auf die Maßnahmengruppe „L Vertragsnaturschutz im Wald“ (TMIL, 2020, S. 12 ff.), speziell auf „L 2.1 Sicherung bzw. Entwicklung von Strukturelementen in Wäldern durch Verzicht auf die Nutzung von Habitatbäumen“. Zuwendungszweck und damit die politische Zielstellung der Maßnahmengruppe sind zusammengefasst der Arten- und Lebensstättenschutz und die Verbesserung der Biodiversität. Man kann entsprechende Parallelen zum Bundesprogramm ziehen (vgl. Kap. 3.1, S. 4).

Hinsichtlich des Verbleibes der Habitatbäume unterscheiden sich beide Richtlinien nicht: Die in beiden Fällen dauerhaft markierten Bäume sind bis zum natürlichen Zerfall im Bestand zu belassen (TMIL, 2020, S. 13 f.). Genauere Vorgaben im Gegensatz zum Förderprogramm des Bundes werden jedoch bei der Markierung gemacht. Diese hat nach der Richtlinie des Freistaates mit zweistelliger Jahresangabe und dreistelliger

---

3 Hexenbesen ist eine umgangssprachliche Bezeichnung für feinästige, kurztriebige „besenartige“ Verzweigungen an Ästen. Diese können genetisch verursacht sein, aber auch durch pilzliche oder virale Infektionen hervorgerufen werden (PRELLER, 2017).

laufender Nummer zu erfolgen. Auch zur räumlichen Verteilung der Habitatbäume sind die Anforderungen des Thüringer Programms spezifischer. Diese hat einzeln oder truppweise[4] zu erfolgen. Eine Mindestanzahl von Habitatbäumen ist in diesem Programm in Kontrast zum Bundesprogramm (min. 5 Bäume je Hektar Antragsfläche) nicht vorgeschrieben, da die Zuwendungshöhe nicht pauschal mit der Antragfläche berechnet wird, sondern je nach Derbholzvolumen des Einzelbaumes hergeleitet wird. Eine Höchstgrenze von maximal 15 Bäumen pro Hektar Antragsfläche ist jedoch festgelegt.

Habitatbäume nach der Thüringer Richtlinie sind wie folgt definiert (TMIL, 2020, S. 12 f.): Ein Habitatbaum müsse rohstofflich oder energetisch nutzbar sein. Liegendes Totholz sei von der Förderung in diesem Kontext ausgeschlossen. Demzufolge ist die Eigenschaft, dass es sich um einen stehenden Baum handelt, verbindlich, unabhängig davon, ob dieser lebendig oder bereits abgestorben ist. In diesem Aspekt gleichen sich die beiden Programme. Jedoch hebt sich das Förderprogramm des Freistaates in der Definition eines Habitatbaumes beträchtlich von der Bundesrichtlinie ab, in dem Punkt, dass erstens ein Mindestdurchmesser von 35 cm auf Brusthöhe (BHD, ca. 1,30 m) festgelegt ist. Zweitens werden folgende sieben Merkmale obligatorisch vorgeschrieben, von denen zumindest eines erfüllt sein müsse, um einen Baum als Habitatbaum zu definieren:

„Faulstellen, abfallende Rinde, Pilzkonsolen, Blitzschäden, als potentielle Höhlen- und Horstbäume geeignete Bäume, Bäume mit abgebrochenen Kronen/-teilen oder mit bizarren Formen“ (TMIL, 2020, S. 12).

4.1.3 Weitere Definitionen zum Begriff „Habitatbaum“

Der Fakt, dass keine einheitliche Begriffsdefinition von Habitatbäumen existiert, wurde bereits in Kap. 4.1.1 auf Seite 10 erwähnt. Er wird u. a. auch gestützt durch die Definition im Working Paper des Thünen Institutes „Methode zur Erfassung und Bewertung der FFH-Waldlebensraumtypen im Rahmen der dritten Bundeswaldinventur (BWI-2012)“ (KROIHER, 2017, S. 60), die sich stark von denjenigen der beiden Förderprogramme abhebt. Auf diese Definition stützt sich auch das Bundesamt für Naturschutz (BfN). Sie ist tabellarisch im Anhang 4 auf Seite xxiv dargestellt. Dort werden Habitatbäume als lebende Bäume mit einem BHD von mindestens 40 cm definiert, die zumindest einen grünen Zweig besitzen müssen. Aufgrund dessen sei nach dieser Definition eine

---

[4] Unter einem Trupp sind forstfachlich einheitlich wenige, in räumlicher Nähe befindliche Einzelbäume zu verstehen, die eine Fläche von 0,01 bis maximal 0,03 Hektar einnehmen.

gleichzeitige Aufnahme als Totholz ausgeschlossen. Außerdem wird eine Reihe von Schadmerkmalen, die einen Habitatbaum charakterisieren, genauestens festgelegt und jeweils sogar eine Quantifizierung vorgenommen, ab wann dieses Merkmal als erfüllt gilt, beispielsweise: „sich lösende[...] Rinde oder Rindentaschen > 500 cm^2, Mindestbreite 10 cm" (ebd.). Des Weiteren sind nach dieser Quelle Höhlenbäume, Horstbäume und Altbäume als Habitatbaum zu definieren. Jene drei Kategorien sind ebenfalls präzisiert (s. Anhang 4, S. xxiv).

Im „Deutschen FSC®-Standard 3-0" (FSC Deutschland, 2020, S. 35) werden Biotopbäume[5] als lebende Bäume definiert, die mindestens eine von drei besonderen Funktionen erfüllen: „als Höhlenbaum, Horstbaum oder als Lebensraum für besonders schützenswerte Epiphyten, Insekten, Pilze und andere altholzbewohnende Organismengruppen" (ebd.). Zwar wird das Attribut „altholzbewohnend" verwendet, besondere Festlegungen bezüglich eines Mindestalters oder -durchmessers werden jedoch nicht gemacht. Lediglich wird erwähnt, dass ein „Nebeneinander [...] aller Strukturen und Dimensionen von Biotopbäumen" angestrebt werden solle (ebd., S. 17). Nachzuweisen sei dies durch ein „Biotop- und Totholzkonzept". Dieses impliziert einen gewissen Zusammenhang bzw. Gesamtkontext von Biotopbäumen und Totholz in einem gemeinsamen Konzept. Die dem folgende Definition unterstützt die Beobachtung einer Zusammenbehandlung von Biotop- und Totholz. einen recht weiten Handlungs- und Interpretationsspielraum gekennzeichnet. Bezüglich der Quantität wird beispielsweise von strikt absoluten Vorschriften abgesehen, sondern nur ein „Orientierungswert" von ca. zehn Bäumen pro Hektar (ebd.) gegeben. Des Weiteren werden Angaben gemacht, wann die Markierung der Habitatbäume zu erfolgen hat.

Bis hier hin gleichen sich die Definitionen unter anderem darin, dass zumindest liegendes Totholz zur (gleichzeitigen) Aufnahme als Habitatbaum ausgeschlossen ist. Anders wird dies im deutschen Standard der PEFC-Zertifizierung (© PEFC Deutschland, 2020, S. 6) geregelt. Die Begriffe Habitat- oder Biotopbaum finden hier keinerlei Einzelbetrachtung, sondern werden zusammen mit Totholz in der Kategorie „Biotopholz" zusammengefasst. Als weitere Beispiele, die dem zuzuordnen sind, werden Horstbäume und Höhlenbäume angeführt. Die Ausführungen dieses Zertifizierungsstandards geben den größten Handlungsspielraum der verglichenen Definitionen. Die Erhaltung des Biotopholzes wird Aspekten wie der Verkehrssicherung, der Waldschutzproblematik und dem Arbeitsschutz klar untergeordnet (ebd.).

[5] Biotopbaum und Habitatbaum werden synonym verwendet.

Biotopholz sei in „angemessenem Umfang" zu erhalten und fördern. Diese Formulierung wird durch Erläuterungen im Leitfaden 5 auf Seite 14 ergänzt. Dort werden ebenfalls Angaben zur anzustrebenden Qualität des Biotopholzes gemacht, beispielsweise, dass Altbäume bevorzugt ausgewählt werden sollen. Der Leitfaden ist jedoch stilistisch eher als Orientierung formuliert, als dass strikte Vorgaben durch normative Absolutwerte gemacht werden.

Die Definition in der Richtlinie für „Klimaangepasstes Waldmanagement" hebt sich von den beiden Zertifizierungsstandards vor allem in der Hinsicht ab, dass zwischen Totholz und Habitat- bzw. Biotopbäumen klar differenziert und quantitativ (5 Bäume pro Hektar) konkretisiert wird (Bundestag, 2021). Alle Definitionen – auch die der beiden Förderprogramme – haben den Nutzungsverzicht und Verbleib der Habitatbäume bis zur Zersetzung gemein, wenn dem nicht andere Vorschriften, insbesondere die Verkehrssicherungspflicht, entgegenstünden (BMEL, 2022 a, S. 2).

4.2 Charakterisierung des Untersuchungsbetriebes

Die Ausstattung und Charakterisierung des Forstbetriebes beeinflussen die Ergebnisse der Arbeit. Aus diesem Grund werden in diesem Kapitel die wichtigsten Merkmale des Untersuchungsbetriebes beschrieben. Bezüglich aller in diesem Unterkapitel genannten Daten, Fakten und allgemeinen Erläuterungen sei hier das Forsteinrichtungswerk vom Stichtag 01.01.2016 aufgestellt durch ROPTE zitiert (ROPTE, 2016). Dieses findet sich im Anhang beginnend auf Seite xii. Hinsichtlich der Aktualität der Datengrundlage muss berücksichtigt werden, dass der Erhebungszeitpunkt nunmehr sieben Jahre zurück liegt.

Der Forstbetrieb „Stadtwald Gera" befindet sich in Ostthüringen im Raum Gera. Er besteht aus einem geschlossenen Hauptteil, mittelgroßen Komplexen und kleineren Splitterflächen und befindet sich in den Hoheitsgebieten der Reviere Ernsee und Ronneburg (FoA Weida) und Revier Saara (FoA Jena-Holzland). Er ist dem kommunalen Waldbesitz zuzuordnen. Die Bewirtschaftung erfolgt in Eigenregie. Eigentümer ist die Stadt Gera. Der Forstbetrieb ist der Verwaltung des Amtes für Stadtgrün zugeordnet. Die forstliche Betriebsfläche (= Gesamtbetriebsfläche) beträgt rund 833 Hektar. Diese teilt sich in ca. 743 ha Holzboden und ca. 90 Hektar Nichtholzboden auf. Vom Holzboden werden aufgrund der Flächengrößen (Splitterflächen) und des Reliefs (Steilhanglagen) ca. 53 Hektar nur extensiv (Intensitätsstufe 1) oder gar nicht (Intensitätsstufe 0) bewirtschaftet.

Standörtlich gesehen, verteilt sich die Betriebsfläche auf zwei Wuchsbezirke: das „Sächsisch-thüringische Löß-Hügelland" und das „Ostthüringische Triashügelland". Neben drei weiteren Teilwuchsgebieten dominiert der „Ostthüringische Buntsandstein" mit dem größten Flächenanteil. Das am häufigsten anstehende Grundgestein ist der Buntsandstein.

Die Klimastufe Vm[6] überwiegt flächenanteilig. Hinsichtlich der Trophie handelt es sich größtenteils um Standorte mit mittlerer Nährkraft (M). Bezüglich der Wasserversorgung nehmen mäßig frische Standorte den größten Anteil ein. Wenn man diese standörtliche Ausstattung auf die Bandbreite des Möglichen beziehen würde, bleibt festzuhalten, dass sich die meisten Flächen im mittleren Teil einer gedachten Standortamplitude befinden.

Im Folgenden wird die Baumartenausstattung des Oberstandes beschrieben. Angesichts der Waldschutzsituation der letztjährigen Extremwetterereignisse ist eine hinreichende Genauigkeit der Forsteinrichtungsdaten zum jetzigen Zeitpunkt zweifelhaft. Diese beziehen sich auf den Stichtag 01.01.2016. Genaue Daten zur Quantifizierung der Veränderung der Baumartenanteile wird erst die nächste Forsteinrichtung liefern.

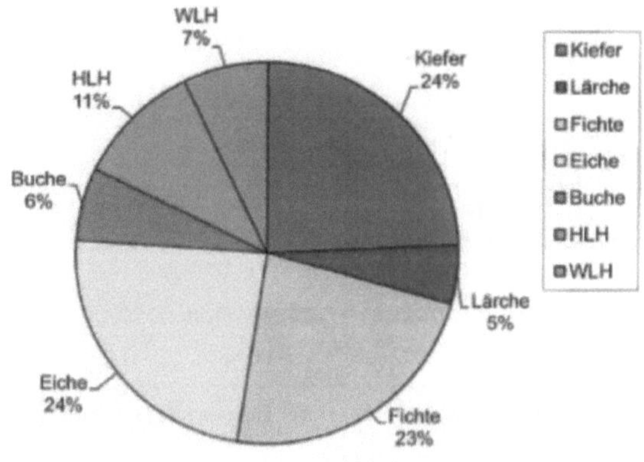

Baumartengruppe	Kiefer	Lärche	Fichte	Eiche	Buche	HLH	WLH	Summe
Fläche (ha)	180,17	37,39	172,07	175,48	45,72	78,62	53,36	742,82
Anteil (%)	24,25%	5,03%	23,16%	23,62%	6,15%	10,58%	7,18%	100,00%

Abbildung 1 Baumartenanteile nach Baumartengruppen (ROPTE, 2016)

[6] Die Abkürzung „Vm" charakterisiert die Klimastufe. Es handelt sich um Hügelland (V) mit mäßig trockenem (m) Klima.

Ein Abbau des Nadelholzanteiles im Zeitverlauf der aktuellen Einrichtungsperiode insbesondere der Baumartengruppe (BAG) Fichte ist anzunehmen. Der Revierleiter Ronald Felgner schätzt den Anteil dieser BAG derzeit auf 18 bis 20 %. Der Abbildung 1 ist zu entnehmen, dass das Nadelholz mit in Summe 52 % gegenüber dem Laubholz zum Stichtag anteilig leicht überwiegt. Nach der Aussage des Revierleiters hat sich diese Feststellung mittlerweile umgekehrt. Aktuell dominiert vermutlich der Laubholzanteil. Des Weiteren fällt auf, dass zum genannten Stichtag die BAG Kiefer, Eiche und Fichte anteilig etwa gleichverteilt in Summe nahezu drei Viertel der Holzbodenfläche einnehmen.

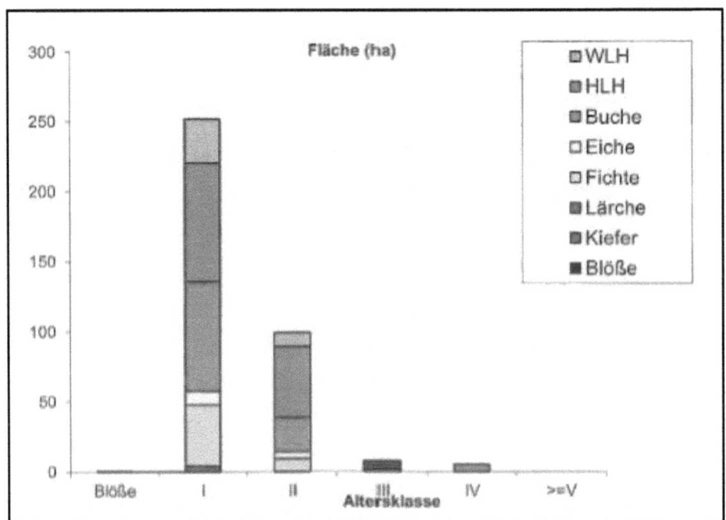

Abbildung 1 Altersklassen- und Baumartenverteilung des Unterstandes (ROPTE, 2016)

Der Unterstand, welcher auf knapp der Hälfte der Holzbodenfläche bereits etabliert ist, unterscheidet sich in seiner Baumartenverteilung (s. Abb. 2) stark vom Oberstand. Anteilig sind hauptsächlich die BAG Hartlaubholz (HLH) und Buche beteiligt, gefolgt von Fichte und Weichlaubholz. Eiche und Kiefer sind nur in geringem Anteil vertreten, Lärche fehlt gänzlich. Die Baumartenverteilung lässt waldbauliche Schlüsse zu, die auch im Schriftsatz der Forsteinrichtung (ROPTE, 2016) bestätigt werden: Die Verjüngung erfolgt vorwiegend durch Naturverjüngung. Der Unterstand ist zum Großteil in den

Altersklassen[7] I und II vertreten. Folglich ist in Bezug auf eine vertikale Schichtung und dauerwaldartige Strukturvielfalt (siehe nachfolgender Abschnitt) noch Potenzial.

Im Stadtwald Gera werden zahlreiche Waldfunktionen erfüllt. Eine detaillierte Darstellung der Vielzahl an Funktionen findet sich im Anhang 2.3 (S. xiv). Ein Betriebsziel für die Nutzungsplanung ist die optimale Bereitstellung aller Waldfunktionen, besonders der Erholungs- und Schutzfunktionen. Außerdem soll eine möglichst hohe Wertleistung erbracht werden. Langfristig werden dauerwaldartige Strukturvielfalt, Artenreichtum und standortgerechte Baumarten angestrebt. Die Nutzungsplanung orientiere sich an den Planungsgrundsätzen des Thüringer Forstamtes Weida. Details zur Planung der Bestandespflege und Pflegenutzung sowie der Verjüngungsnutzung und -planung sind dem Anhang 2.8 und Anhang 2.9 (S. xix) zu entnehmen. Die Holzernte erfolgt im Beispielbetrieb mit 94% des Holzvolumens größtenteils im Rahmen einer Pflegenutzung. Die Eingriffsstärken liegen bei den Durchforstungen bei durchschnittlich 45 und bei Verjüngungsnutzungen bei 52 Erntefestmetern (Efm) je Hektar. Je nach Erfordernis sind diese auf ein bis zwei Eingriffe im Jahrzehnt aufgeteilt.

Die zusammengefassten Hauptergebnisse sind im Anhang 2.10 (S. xxi) dargestellt. Je Hektar Holzbodenfläche ergibt sich aus der Planung ein jährlicher Hiebsatz von 3,8 Erntefestmetern. Den größeren Anteil der geplanten Entnahmemenge hat das Nadelholz. Insbesondere bei der Baumartengruppe Fichte ist verhältnismäßig viel Nutzungsmenge geplant. Der laufende jährliche Zuwachs für die Planungsperiode beträgt 5,6 Efm pro Hektar. Vergleicht man Hiebsatz und Zuwachs, fällt auf, dass der laufende jährliche Zuwachs die geplante Nutzung deutlich übersteigt. Dies charakterisiert einen vorratsaufbauenden Betrieb, zumindest für den Planungszeitraum der Forsteinrichtung. Mit 204 Vorratsfestmetern (Vfm) je Hektar Holzbodenfläche ist der Holzvorrat zum Stichtag im Vergleich zum Bundesdurchschnitt mit 336 m^3 aus der Bundeswaldinventur (SCHMITZ, 2016) eher unterdurchschnittlich. Ein durchschnittlicher Bestockungsgrad von 0,7 könnte auf einen insgesamt guten Pflegezustand hindeuten.

---

[7] Eine Altersklasse (Akl.) fasst 20 Jahre der Alter von Behandlungseinheiten zusammen. Akl. I summiert die Flächen der Behandlungseinheiten der Alter 1 bis 20, Akl. II diejenigen der Alter 21 bis 40 usw.

Der Untersuchungsbetrieb ist PECF[8]-zertifiziert, was insbesondere für die Ermittlung des Projektszenarios A eine Rolle spielt. Er nahm nach Aussage des Revierleiters bereits vor einigen Jahren an einem Landesprogramm teil. Im Rahmen dieses Programms wurden auch bereits kleinflächig Habitatbäume ausgewiesen. Der Stadtwald ist aktuell Mitglied in der Forstbetriebsgemeinschaft „Saar- und Erlbachtal". Bezüglich des neuen Förderprogramms spielt dies insofern eine Rolle, als dass der Stadtwald deshalb unter die Gruppenzertifizierung des zugehörigen Fördermoduls fällt (PEFC Deutschland eV., 2022).

8 „PEFC ist die Abkürzung für die Bezeichnung ‚Programme for the Endorsement of Forest Certification Schemes', also ein ‚Programm für die Anerkennung von Forstzertifizierungssystemen'" (PEFC Deutschland eV., 2023).

5 Methoden und Szenarienbildung

5.1 Förderrichtlinie

5.1.1 Juristische Auslegungsmethoden

5.1.1.1 Theorie der Auslegungsmethodik

Zum Verständnis der nachfolgenden Ausführungen soll hier kurz in die angewandte juristische Auslegungsmethodik eingeführt werden. Dabei muss sich auf die wesentlichen Aspekte beschränkt werden. Im Rahmen einer Gesetzesanwendung kommt es zu einer Konkretisierung anwendbarer Rechtssätze bezüglich eines Sachverhaltes, um diesen aus rechtlicher Sicht zu beurteilen und eventuelle Rechtfolgen abzuleiten. Als „Auslegen" bezeichnen LARENZ & CANARIS (1995, S. 133) „ein vermittelndes Tun, durch das sich der Auslegende den Sinn eines Textes, der ihm problematisch geworden ist, zum Verständnis bringt". Die Problematik der sich nicht immer erschließenden genauen Bedeutung von Gesetzestexten begründen sie mit der verwendeten Umgangssprache, die sich von der klar definierten Wissenschaftssprache in der Hinsicht unterscheidet, dass deren Ausdrücke „mehr oder minder flexib[el]" sind (ebd.). Zusammengefasst findet Auslegung als Methode also immer dann Anwendung, wenn es um problematische und interpretationsbedürftige Wortverwendungen geht. Das Problem muss außerdem entscheidungserheblich für den Sachverhalt sein, ansonsten wären jegliche Bemühungen diesbezüglich zwecklos.

Die Grenzen der Auslegung würden darin bestehen, ausschließlich den im Gesetzestext, als Gegenstand dieser, innewohnenden Sinn zu extrahieren, „ohne etwas [dem Text] hinzuzufügen oder wegzulassen" (vgl. ebd., S. 134). Auch wenn jede Auslegung einen Richtigkeitsanspruch erhebe, wäre keine Auslegung die absolut Richtige (vgl. S. 135). Des Weiteren werden zwei Theorien zum Ziel der Auslegung erläutert, die subjektive und die objektive Theorie, welche beide z.T. wahr seien bzw. sich ergänzen würden. Die subjektive Theorie stimme in der Hinsicht, dass eine Norm Ausdruck eines „gerichteten Willens des Gesetzgebers" sei, dadurch dass sie menschlich geschaffen wurde, um eine gerechte und auf gesellschaftliche Bedürfnisse ausgelegte (Rechts)Ordnung zu begründen. Objektiv gesehen, entfalte die Anwendung eines Gesetzes eine „ihm eigene Wirksamkeit", die über diesen Willen des Gesetzgebers hinausgehe bzw. hinausgehen kann (ebd., S. 137 f.). Als Ziel der Auslegung kann also der „normative Sinn des Gesetzes" festgehalten werden, der objektive wie subjektive Gesichtspunkte einschließt, also den „fortgeschriebenen Inhalt des Gesetzes" einbezieht, ohne jedoch die „ursprünglichen Intentionen des [historischen] Gesetzgebers" außer Acht zu lassen (vgl. ebd., S. 139 f.).

Die Auslegung als „gesicherte und nachprüfbare“ rechtswissenschaftliche Methodik erfordert die Einbeziehung bestimmter Kriterien (LARENZ, 1995, S. 140 ff.). In der Methodenlehre nach LARENZ sind einige dieser genannt, die im Wortlaut teilweise etwas anders formuliert sind, sich jedoch im Sinn gleichen. In der folgenden Ausführung wird nach den wichtigsten vier Kriterien ausgelegt: grammatikalisch, historisch, systematisch und teleologisch.

Die grammatikalische Auslegung bezieht sich auf die sprachliche Ebene und untersucht den allgemeinen bzw. juristischen Sprachgebrauch. Im bereits zitierten Werk werden die „Flexibilität, der Nuancenreichtum und die Anpassungsfähigkeit“ der allgemeinen Sprache und der Rechtssprache als „Sonderfall“ dieser betont, die deren Auslegungsbedürftigkeit bedingen (ebd., S. 141 f.) Der genaue Wortlaut in seiner sprachlichen Bedeutung schränkt die möglichen Auslegungsvarianten ein und gibt den Rahmen vor, in dem diese stattfinden kann. Darüber hinaus diene die dem Sprachgebrauch zu entnehmende Wortbedeutung einer „ersten Orientierung“ im Auslegungsprozess (ebd., S. 145).

Unter dem systematischen Auslegungskriterium ist der Auslegungsgegenstand im Zusammenhang mit weiteren Paragraphen einer Regelung zu untersuchen. Die sachliche Übereinstimmung der auslegungsbedürftigen Wortverwendung mit anderen Paragraphen oder Teilen desjenigen Gesetzes spricht für die jeweilige Auslegungsvariante. LARENZ (1995, S. 146) konstatiert hierzu, dass sich der Sinn eines einzelnen Rechtssatzes oft erst dann ergebe, wenn dieser als Teil einer Regelung erkannt werde und begründet dies damit, dass ein Gesetz meistens aus unvollständigen Rechtssätzen bestehe, die sich erst gemeinsam zu einem vollständigen Rechtssatz zusammensetzen würden. Aus einem systematischen und in seiner Gesamtheit stimmigen Kontext kann sich der „normative Sinn“ bereits erschließen oder es bestehen weiterhin mehrere Auslegungsvarianten, die dieses Kriterium gleichsam erfüllen.

Eine weitere Form der Auseinandersetzung mit der auszulegenden Wortverwendung, die zum Ziel der Auslegung führen kann, ist die historische Gesetzesauslegung. Hierbei ist diejenige Bedeutung des Gegenstandes von Belang, die der Gesetzgeber ihm ursprünglich im Gesetzgebungsprozess beimessen wollte. Von herausragender Bedeutung und zu berücksichtigen ist insbesondere die Entstehungszeit des jeweiligen Gesetzes mit den zu dieser Zeit geltenden Norm- und Wertevorstellungen. LARENZ (1995, S. 149 ff.) spricht in dem Kontext von einer „Regelungsabsicht des Gesetzgebers“ und den „von ihm in Verfolgung dieser Absicht erkennbar getroffenen Wertentscheidungen“. Neben der „Regelungsabsicht“ bzw. „Grundabsicht“ des

Gesetzgebers seien auch die Auffassungen und „Normvorstellungen“ der an der Vorbereitung und Verfassung der entsprechenden Norm beteiligten Personen bzw. Personengruppen bedeutsam für die historische Auslegung. „Erkenntnisquellen“ diesbezüglich seien Entwürfe, Protokolle und beigegebene Begründungen im Entstehungsprozess der jeweiligen Norm (ebd.). Erwähnung finden soll noch, dass das historische Kriterium nicht zwangsläufig die weit zurückliegende Vergangenheit impliziert, sondern sich auch auf kürzlich inkraftgetretene Gesetze beziehen kann. Entscheidend ist der Bezug zur jeweiligen Entstehungszeit.

„Telos“ ist altgriechisch und bedeutet übersetzt „der Zweck“. Die Teleologische Auslegung meint also diejenige Bedeutung, die bestmöglich dem Sinn und Zweck des Gesetzes entspricht. LARENZ (1995, S. 153) spricht von einer „Auslegung gemäß den erkennbaren Zwecken und dem Grundgedanken einer Regelung“. Auch wenn ein Gesetz mehreren Regelungszwecken diene, solle die Auslegung dem „Rangverhältnis dieser Zwecke“ gerecht werden und stets die „Gesamtheit der Zwecke“ berücksichtigen. In der teleologischen Auslegung überschreite der Auslegende also „den als historisches Factum verstandenen ‚Willen des Gesetzgebers‘“ sowie „die konkreten Normvorstellungen der Gesetzesverfasser“ und verstehe „das Gesetz in der ihm eigenen Vernünftigkeit“ (ebd.).

5.1.1.2 Auslegung der Richtlinie für klimaangepasstes Waldmanagement

Nun stellt sich wahrscheinlich die Frage, was die juristische Methodentheorie mit der Förderrichtlinie als Untersuchungsgegenstand der Arbeit zu tun hat. Diese soll mithilfe jener Methoden untersucht und auslegungsbedürftige Begriffe in ihrer Bedeutung geklärt werden. Es ist klar, dass das Programm als politisches Förderinstrument keinesfalls mit einer rechtsverbindlichen Norm gleichzusetzen ist. Derjenige Adressat dieses Instrumentes, welcher die mit der Richtlinie verbundenen Subventionen auf freiwilliger Basis erhalten möchte, verpflichtet sich damit zur Einhaltung bestimmter in der Richtlinie aufgeführter Kriterien nach dem Prinzip „Leistung und Gegenleistung“. Jedoch ist der Förderrichtlinie ein gewisser normativer Stil nicht abzusprechen. Sowohl strukturelle Parallelen zu Gesetzen können gezogen werden, aber auch die verwendete Sprache ähnelt in ihrer teilweisen Unbestimmtheit der Gesetzessprache, was sie auslegungsbedürftig machen kann. Im Rahmen von Gesetzestexten wäre das Ziel einer juristischen Auslegung die Erfüllung (oder Nichterfüllung) bestimmter Tatbestandsmerkmale eines oder mehrerer Rechtssätze, aus denen sich eine Rechtsfolge ableitet. Im Rahmen der Auslegung dieser Richtlinie ist das Ziel die genaue Begriffsdefinition der Ausdrücke, die für die in der Arbeit folgenden Betrachtungen relevant sind. Anstelle der Rechtsfolge sollen die Grenzen und Mindestanforderungen bezüglich des Habitatbaum-Begriffs ausgelotet und eine Schlussfolgerung für die Anwendung in der Praxis gezogen werden.

Dies bringt uns anstelle der klassischen Rechtsfrage zu der Frage: „Was ist ein Habitatbaum bzw. Habitatbaumanwärter nach der Richtlinie?“ oder provokativer formuliert: „Ist jeder Baum ein Habitatbaum bzw. Habitatbaumanwärter?“

In Kap. 4.1.1 und 4.1.2 (S. 12 ff.) wurde der Begriff „Habitatbaum“ in den beiden Programmen bereits interpretations- und auslegungsfrei definiert. Nach dem Wortsinn ist ein Habitatbaum zunächst ein Baum, der in gewisser Weise ein Habitat trägt. Ein Baum in seiner Wortbedeutung wird allgemein als „Holzgewächs mit festem Stamm, aus dem Äste wachsen, die sich in Laub oder Nadeln tragende Zweige teilen“ (Duden) definiert. Des Weiteren könne mit „Baum“ auch verkürzt der „Weihnachtsbaum“ oder in der Mathematik und Informatik eine bestimmte Form eines Graphen gemeint sein (ebd.). Hier verschmelzen bereits die Kriterien der Auslegung. Der Auslegende muss sich die Frage stellen, ob der Begriff in diesem Kontext, d.h. systematisch im Sinne einer traditionellen Bedeutung (Weihnachtsbaum) oder mathematischen Bedeutung (Graph) überhaupt sinnig ist. Diese kann verneint werden. Der Blick in die Richtlinie auf das Kriterium 2.2.8 (BMEL, 2022 a, S. 2) verdeutlicht dem Auslegenden den Kontext des Begriffes. Es ist die Rede von einer Waldfläche und damit ist dieser Begriff eindeutig im Bereich der Biologie bzw. Ökologie und zwar insbesondere auf eben diese Waldflächen bezogen. Auch die Kopplung der Zuwendungsfähigkeit an eine Waldbewirtschaftung und Wald im Sinne des §2 BWaldG bestätigt rein systematisch die Begriffseinordnung in Verbindung mit Wald.

Untersucht man den Wortsinn in diesem Kontext weiter (vgl. ebd., S. 10), so wird bereits näher definiert, welche Kriterien ein Habitatbaum im Sinne der Richtlinie erfüllen muss und wie er zu behandeln ist (vgl. 4.1.1, S. 12). Auch sogenannte Habitatbaumanwärter können gleichgesetzt mit Habitatbäumen und anstelle dieser ausgewählt werden. Deswegen sollen beide Begriffe gemeinsam untersucht werden. Im Rahmen einer Auslegung nach dem Wortsinn, stößt der Auslegende in einer sonst recht selbsterklärenden und bestimmten Definition auf folgende unbestimmte auslegungsbedürftige Wortverwendungen, die einen Habitatbaum(anwärter) charakterisieren: „Eigenarten des Baumes“, „Wuchsstörungen“, „Mikrohabitat-geeignete Strukturen, die sich in Entwicklung befinden“ (ebd., S. 10).

Rein aus dem Wortsinn und der Systematik könnte der Auslegende nun behaupten, dass jeder Baum gewisse Eigenarten besitze, die die jeweilige Baumart charakterisieren und dass sich rein aus arttypischen Merkmalen, zumindest „Mikrohabitat-geeignete

Strukturen" ergeben würden, seien es grobborkige Rindenschuppen bei der Eiche (*Quercus spec.*) oder die Spannrückigkeit (durch die Höhlungen entstehen) bei der Hainbuche (*Carpinus betulus* L.). Diese „Mikrohabitat-geeigneten" Strukturen müssen sich jedoch „in Entwicklung befinden" (ebd.). Hier wird keine Zeitspanne angegeben, in welcher die Entwicklung abgeschlossen sein muss und die potentiell geeignete Struktur zum tatsächlichen Mikrohabitat wird. Durch den Fakt, dass jeder Baum irgendwann eine Zerfallsphase durchläuft (TU Berlin, 2023) und damit durch absterbende Kronenpartien, Fäulen, Pilzinfektionen, Höhlungen etc. zwangsläufig die nach der Richtlinie definierten Mikrohabitate bildet, liegt die Vermutung nahe, dass jeder Baum sich im Rahmen seines Baumlebens in Entwicklung zu einem Habitatbaum befindet und damit als Anwärter bezeichnet werden kann. Ein passendes Zitat dazu von Georg Schoop, Leiter Stadtforstamt und Stadtökologie Stadt Baden, lautet: „Ein Biotopbaum braucht nicht viel Pflege, viele wichtige Strukturmerkmale entwickeln sich mit der Zeit von selbst. Das Belassen ist einer der wichtigsten Pflegeeingriffe." (BÜTIKOFER, 2016). Es könnte also aus dem Wortsinn und systematischen Kontext geschlussfolgert werden: „Jeder stehende Baum könnte ein Habitatbaumanwärter nach der Richtlinie des Bundes sein." Der grundsätzliche Rahmen für die weitere Auslegung ist damit ermittelt.

Ob dies die Intention des Fördermittelgebers trifft, soll im Folgenden geklärt werden. Die Förderrichtlinie des Bundes wurde am 11.11.2022 veröffentlicht. Sie ist damit sehr aktuell und von veränderten Normvorstellungen im Vergleich zum jetzigen Zeitpunkt kann nicht ausgegangen werden. Hinweise zur Regelungsabsicht der Richtlinie in Bezug auf Habitatbäume könnte das „Konzept für das neue Förderinstrument Honorierung der Ökosystemleistung des Waldes und von klimaangepasstem Waldmanagement" (Bundestag, 2021) liefern, dass dem Haushaltsausschuss des Bundestages vorgelegt wurde. Die Zielsetzungen der einzelnen Kriterien wurden dort erläutert. Habitatbäume seien „mit ihren vielfältigen Mikrohabitaten eine Kernkomponente der Waldbiodiversität" und würden einer „Vielzahl spezialisierter Artengruppen" Lebensraum bieten (ebd., S. 8). Eine dadurch erheblich verbesserte Biodiversität führe auch zu mehr „Resilienz gegenüber dem Klimawandel", da die profitierenden Artengruppen i.S.d. integrativen Waldschutzes zur Minderung von Insektenkalamitäten beitragen würden. Inwieweit tatsächlich natürliche Gegenspieler in der Lage sind, Massenvermehrungen von Insekten zu beeinflussen, bleibt durch die Disziplinen der Entomologie und des Waldschutzes zu klären. Zusammengefasst lässt sich also extrahieren, dass der Beitrag zur Biodiversität die Hauptintention des Habitatbaum-Kriteriums ist. Ob nun jeder nach der obigen Auslegung beliebig ausgewählte Baum einen wertvollen Beitrag zur Biodiversität leistet ist fragwürdig und spricht gegen diese weite Auslegung des Begriffs. Bestätigt wird diese Erkenntnis auch mit der Formulierung „Bei der Auswahl soll naturschutzfachlich wertvollen Bäumen der Vorzug gegeben werden.“ (BMEL, 2022 a, S. 10). Ein gewisser Spielraum wird jedoch auch hier eingeräumt, sonst wäre „muss“ anstatt „soll“ verwendet worden.

Für die weite Auslegung des Begriffes spricht jedoch die Absicht, dieses Programm in gewissem Rahmen flexibel zu machen, um „die konkrete Entscheidung vor Ort“ zu ermöglichen (Bundestag, 2021, S. 4). Es ist von einem „gut austarierten Kompromiss zwischen konkreten messbaren Anforderungen und weniger konkreten Zielvorgaben“ die Rede. Demnach liegt die Annahme nahe, dass jegliche inkonkreten Formulierungen bewusst gewählt wurden, um einen genügenden Handlungsspielraum für die Praxis einzuräumen. Vor diesem Hintergrund könnte die weite Auslegung des Begriffes legitim sein. Als Beispiel einer Formulierung, die das Programm deutlich flexibler macht und die in der Richtlinie bewusst formuliert wird, sei anzuführen: „Habitatbäume haben keine absoluten Mindestgrößen oder Alter“ (BMEL, 2022 a, S. 10). Gegen eine Auswahl von äußerst jungen schwach dimensionierten Bäumen in der praktischen Umsetzung spricht das Problem, wie man eine „permanente Kennzeichnung“ (ebd.) von sehr jungen Bäumen unter Derbholz realisieren kann. Die aus forstpraktischer Erfahrung praktikabelste Lösung ist die Markierung mittels Farbspray, die jedoch einen gewissen Durchmesser voraussetzt, um die Bäume auch wiederfinden zu können.

Zur teleologischen Auslegung soll der Zuwendungszweck als „Grundgedanke“ der Richtlinie dienen. Dieser ist ein „Klimaangepasstes Waldmanagement“, welches neben Resilienz und Anpassungsfähigkeit auch die Produktivität der Wälder erhalte. Weitere wichtige Ziele, die mit dem Management umgesetzt werden sollen, seien die Verbesserung der Biodiversität und der Beitrag zum Klimaschutz. Für eine engere Auslegung von „Habitatbaum“ und „Habitatbaumanwärter“ in Richtung eines naturschutzfachlichen Wertes, der sich unter anderem an der Qualität der Habitate (vgl. Anhang 4, S. xxiv) bemisst, spricht der Biodiversitätsaspekt als Zuwendungszweck. Für eine weitere Auslegung und um Flexibilität des Programms in der Praxis zu bewahren, sprechen die Ziele, „produktive Wälder“ zu erhalten und „zu anderen Ökosystemleistungen“ beizutragen (BMEL, 2022 a, S. 1). Die Biodiversität ist eben nicht der alleinige Zuwendungszweck, sondern daneben auch andere Ökosystemleistungen, insbesondere der Rohstoffnutzung und der Erholung, die unter Umständen nicht immer mit einer höchstmöglichen Biodiversität auf der Fläche vereinbar sind und deswegen eine weite Auslegung nötig machen.

Diese Reihe von Feststellungen, insbesondere die bewusste Regelungsabsicht des Richtlinienverfassers, eine gewisse Flexibilität der forstlichen Praxis zu ermöglichen, führen zur begründeten Entscheidung, dass jeder Baum zumindest als Habitatbaumanwärter ausgewählt werden kann. Das Kernziel dieser ausgewählten Bäume ist die Nichtnutzung bzw. der Verbleib zur Zersetzung auf der Fläche. Hätte der Verfasser der Richtlinie eine präzise Eingrenzung der naturschutzfachlichen Qualität von Habitatbäumen und Habitatbaumanwärtern als Zielvorstellung gehabt, so hätten Absolutvorgaben vor allem bezüglich der Merkmalsausprägung von Habitaten und der Dimension gemacht werden müssen.

5.1.1.3 Auslegung der Thüringer Richtlinie zur Förderung forstwirtschaftlicher Maßnahmen

Der Habitatbaumbegriff wurde bereits in Kap. 4.1.2 (S. 13) nach der Richtlinie des Freistaates definiert. Durch absolute Vorgaben ist dieser dort deutlich enger und konkreter bestimmt als in der Bundesrichtlinie. Sowohl ein Mindestdurchmesser, die zwingende rohstoffliche und energetische Verwendbarkeit und der Ausschluss von bereits liegendem Totholz, als auch eine Reihe von Habitatbaum-Merkmalen, von denen eines zutreffen muss, werden vorgeschrieben. Folgende zwei Merkmale sind jedoch durch eine gewisse Unbestimmtheit gekennzeichnet und bedürfen einer Auslegung: „als potentielle Höhlen- und Horstbäume geeignete Bäume“ und „Bäume mit bizarren Formen“ (TMIL, 2020, S. 12).

Die Auslegung dieser Begriffe soll, um den Umfang zu begrenzen, in verkürzter Form stattfinden. Wortlaut und systematischer Kontext von „als potentielle Höhlen- und Horstbäume geeignete Bäume“ sind recht eindeutig. Selbstverständlich geht es hier um den Erhalt dieser Bäume aus Natur- und Artenschutzgründen. Durch den Wortlaut des Gegenstandes der Förderung, wird der (teleologische) Zweck dieser Maßnahme bereits deutlich: Es handelt sich um eine Maßnahme des „Vertragsnaturschutz[es] im Wald“ (ebd., S. 3). Der Zuwendungszweck dieser Maßnahme wird auf Seite 12 präzisiert. Es ist also eher eine Frage des Naturschutzes, welche Kriterien einen Baum als Höhlen- oder Horstbaum eignen. Ein potentieller Horstbaum müsse Merkmale wie „Anflugschneisen, grosse Kronen oder Ansitzwarten“ (WSL, kein Datum) erfüllen. Dabei kommt es natürlich auch immer auf die Zielart an. Ein potentieller Höhlenbaum sei durch gewisse Fäulnisprozesse gekennzeichnet, die von sich aus zu Höhlenstrukturen führen würden oder dem Specht die aktive Anlage ermöglichen (Wald und Holz NRW, 2016).

Der Ausdruck „Bäume mit bizarren Formen“ (TMIL, 2020, S. 22) ist etwas offener formuliert. Eine bizarre Form bedeutet nach dem Wortlaut immer eine Abweichung von der Normalität. Nach dem Duden meint „bizarr" „absonderlich (in Form und Gestalt); ungewöhnlich, eigenwillig, seltsam geformt oder aussehend" (Duden). Der Auslegende könnte unter einer „bizarren Form" beispielsweise eine Stammkrümmung verstehen. Wo jedoch die Grenzen von bizarr sind bzw. ab wann eine Stammkrümmung über die Gewöhnlichkeit hinausgeht, ist unklar, vor allem weil jeder Baum ein Individuum ist und deshalb die Festlegung eines „stereotypen Baumes" nicht möglich. Bei der Auslegung nach dem bereits beschriebenen Zweck der Förderung, liegt die Annahme nahe, dass die „bizarre Form" einen gewissen naturschutzfachlichen Wert bedingen muss. Dies ist im Einzelfall zu prüfen und sollte begründbar sein.

5.1.2 Zwischenergebnis zum Habitatbaum-Begriff

Aus der Auslegung ergeben sich folgende Ergebnisse für die praktische Handhabung. Diese sollen die Fragestellung beantworten, welche Bäume im Rahmen der beiden Programme förderfähig sind und als Habitatbäume ausgewählt werden dürfen bzw. was rechtlich im Bereich des Möglichen liegt. Die Begründungen dazu, wie auch die möglichen Regelungsabsichten der Fördermittelgeber, die nicht immer tatsächliche Wirksamkeit erhalten, finden sich in den vorherigen Kapiteln.

Als Handlungsvorgabe für die Auswahl von Habitatbäumen der Untersuchung „Projektszenario A" wird sich freiwillig eine Dimensionsuntergrenze (Derbholzgrenze) von 7 cm BHD auferlegt, auch wenn dies nach der Förderrichtlinie nicht gefordert ist: „Habitatbäume haben keine absoluten Mindestgrößen oder Alter." (BMEL, 2022 a, S. 10). Die Gründe für diese Selbstauferlegung sind vor allem die Wiederauffindbarkeit und eine praktikable permanente Markierung mittels Farbspray. Bei sehr schwach dimensionierten Bäumen müssten zur Markierung Baummarken o. ä. angefertigt werden, was vermutlich einen erhöhten finanziellen Aufwand bedeuten würde und auch die Anbringung dieser könnte eventuell problematisch werden.

Des Weiteren regelt die Richtlinie „Klimaangepasstes Waldmanagement" ein mögliches Abweichen von einer gleichmäßigen Verteilung der fünf Habitatbäume je Hektar „wenn und soweit eine Verteilung [...] nicht möglich ist." (BMEL, 2022 a, S. 2). In diesem Fall könne eine Verteilung der Habitatbäume und Anwärter auch flächenanteilig erfolgen (ebd.). Genaue Gründe, die diesen Umstand erfüllen würden, werden nicht präzisiert. Aufgrund dessen muss angenommen werden, dass jegliche forstfachlich gute Begründungen eine anteilige Verteilung rechtfertigen, welche die Möglichkeit einer gleichmäßigen Verteilung infrage stellen (vgl. 7.2.2, S. 58).

Die juristische Auslegung führt zum Ergebnis, dass der Habitatbaum-Begriff nach der Bundesrichtlinie sehr unbestimmt definiert wird und weit auslegt werden kann. Nach dieser Richtlinie kann jeder stehende Baum zumindest als Habitatbaumanwärter ausgewählt werden. Dazu vergleichsweise weitaus enger, insbesondere in Richtung eines naturschutzfachlichen Ideals, muss der Begriff nach dem Thüringer Programm definiert werden. Aus Gründen der Übersichtlichkeit für die praktische Handhabung wurden die Ergebnisse in verkürzter Form von zwei Schemata dargestellt.

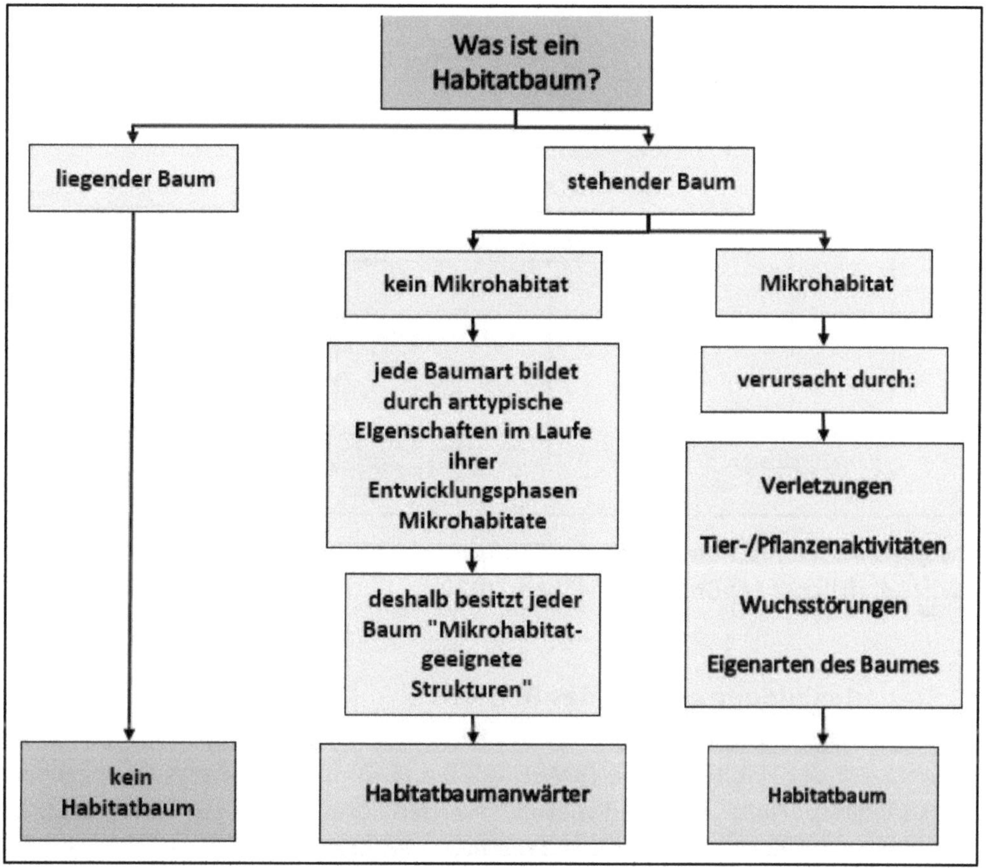

Abbildung 2 Auswahlschema nach der "Richtlinie für Zuwendungen zu einem klimaangepassten Waldmanagement" (BMEL, 2022 a)

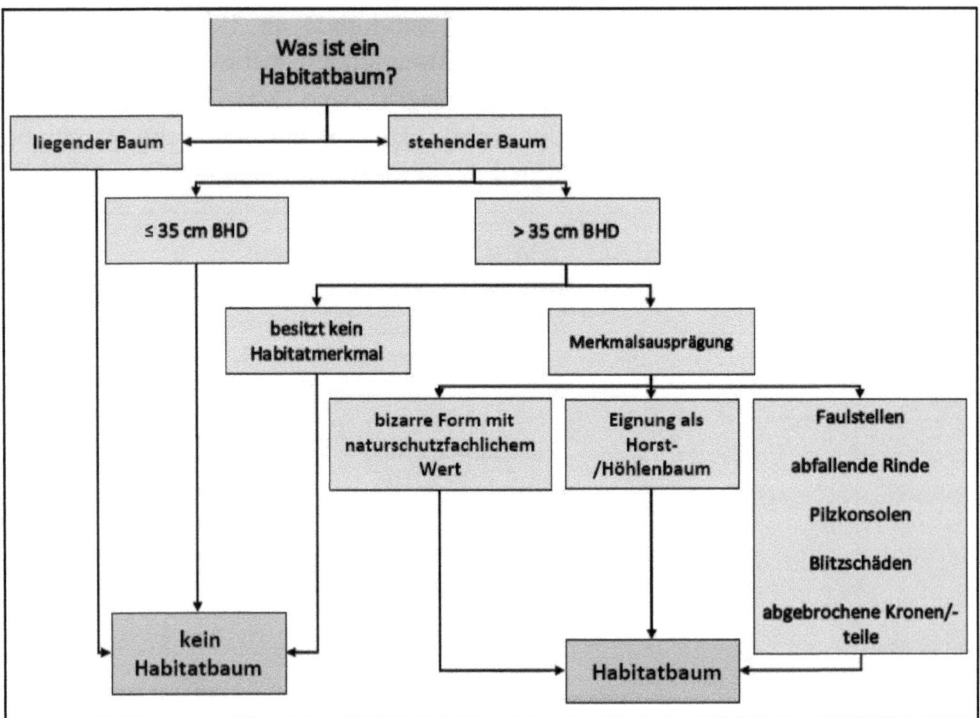

Abbildung 3 Auswahlschema nach der "Thüringer Richtlinie zur Förderung forstwirtschaftlicher Maßnahmen" (TMIL, 2020)

5.2 Szenarienbildung anhand des Betriebs

Um aussagefähige Ergebnisse zur Attraktivität des untersuchten Bundesprogramms am Kriterium 2.2.8 der Habitatbäume (BMEL, 2022 a, S. 2) für das Untersuchungsbeispiel des Stadtwaldes Gera zu produzieren, werden drei Szenarien festgelegt. Das **Basisszenario 0** mit dem Titel **„Tradierte Forstwirtschaft"** dient dabei als Vergleichsgegenstand bzw. Nullvariante und soll repräsentieren, welche durchschnittlichen Betriebsergebnisse ohne die Programmteilnahme bzw. ohne grundsätzliche Veränderungen des bisherigen Wirtschaftens erwartbar sind.

Zur Untersuchung werden zwei verschiedene Projektszenarien gebildet:

- Projektszenario A: „Habitatbaumausweisung nach dem Bundesprogramm" und
- Projektszenario B: „Habitatbaumausweisung nach dem Thüringer Programm".

Szenario A stellt die Teilnahme am untersuchten Programm des Bundes „Klimaangepasstes Waldmanagement" bezogen auf das Habitatbaum-Kriterium dar. In Kap. 5.1.1.2 (S. 23) werden die Begriffe „Habitatbaum" und „Habitatbaumanwärter" juristisch ausgelegt und ein Zwischenergebnis erarbeitet (s. Kap. 5.1.2, S. 28), welches im Rahmen des Szenarios A „Habitatbaumausweisung nach dem Bundesprogramm" praktisch angewandt wird. Dieses Ergebnis dient als rechtlich begründete Minimalvariante bezüglich der naturschutzfachlichen Perspektive. Es soll für den betriebswirtschaftlich denkenden Waldeigentümer als Orientierung dienen, welchen Anforderungen auf Grundlage der Richtlinie (BMEL, 2022 a) mindestens nachgekommen werden muss, um das Kriterium 2.2.8 (ebd. S. 2) zu erfüllen.

Szenario B beschreibt die Teilnahme am Programm des Freistaates Thüringen „Förderung forstwirtschaftlicher Maßnahmen". Der Habitatbaumbegriff wird ebenfalls rechtlich ausgelegt (Kap. 5.1.1.3, S. 27) und ein Zwischenergebnis hergeleitet. Dieses kommt im Projektszenario B zur Anwendung. Szenario B „Habitatbaumausweisung nach dem Thüringer Programm" dient als Vergleichsgegenstand auf politisch vertikaler Ebene, d.h. das nationale wird mit einem subnationalen (Thüringer) Programm verglichen. Es soll gegenüber dem Bundesprogramm (Minimalvariante) ein möglicherweise naturschutzfachlich wertvolleres Instrument[9] repräsentieren. Untersucht werden im Vergleich insbesondere betriebswirtschaftliche Aspekte aber auch die Auswirkungen auf das Ziel Klimaschutz.

5.2.1 Herleitung des Basisszenarios

Als Datengrundlage des Basisszenarios dienen die Jahresberichte aus dem „Testbetriebsnetz Forst / Kommunalwald" (ThüringenForst AöR.) für den Stadtwald Gera. Die Repräsentanz der Daten wird in Kapitel 7.2.1 (S. 57) diskutiert. Die Grundüberlegung der Analyse und Zusammenstellung der Daten ist die Funktion als Vergleichsgegenstand. Aufgrund diverser Abweichungen und Schwankungen erscheint es als sinnvoll, die arithmetischen Mittelwerte der erhobenen Daten der einzelnen Forstwirtschaftsjahre zu berechnen. Um Vergleichbarkeit zu wahren, werden die Betriebsergebnisse je Hektar Holzbodenfläche ermittelt, da die Fläche sich durch An- oder Verkauf verändern kann. Die Ergebnisse sind in Kapitel 6.2 (S. 48) dargestellt und erläutert. Aufgrund der Zugehörigkeit der untersuchten Maßnahme der Habitatbaumausweisung zum Produktbereich (PB) 2, wurde dieser gesondert mit aufgenommen. Nach der „Ausführungsanweisung zum Erhebungsbogen für

[9] vgl. dazu das vorherige Kapitel

Forstbetriebe“ (BMEL, 2017) sind unter dem Produktbereich 2 „Schutz und Sanierung“ die ehemaligen Produktgruppen 22 „Arten- und Biotopschutz außerhalb von Schutzgebieten“ und 23 „Sicherung besonderer Waldfunktionen“ (ebd., Anlage 1) zusammengefasst, zu denen die Habitatbaum-Maßnahme eindeutig zugehörig ist. Bestätigt wird dies in den Ausführungen zu Erträgen und Aufwänden dieses Produktbereiches. Als Beispiele werden auf der Einnahmenseite „Vertragsnaturschutz“ und „Klimaschutz und -anpassung“ genannt (ebd., Abschnitt 4-3) und auf der Ausgabenseite „Arten- und Biotopschutz“ (Abschnitt 5-10).

5.2.2 Projektszenarien

Die betriebswirtschaftlichen Ergebnisse der Projektszenarien werden ermittelt, indem zum gesamtbetrieblichen Ergebnis[10] des Basisszenarios die Einnahmen[11] in Form von Fördermitteln addiert und alle Aufwendungen[12], wie der Aufwand für entlohnte Arbeitskräfte, Materialaufwände z.B. Farbspray und der Verwaltungskostenaufwand, subtrahiert werden. Dabei können nicht alle Einflussfaktoren berücksichtigt werden.

Die Herleitung der Projektszenarien basiert auf der Methodik der „Statischen Investitionsrechnung“. Es wird von der „zeitlichen Struktur des durch das Investitionsprojekt generierten Zahlungsstroms“ (PAPE, 2018) abstrahiert. Die Parameter der angewandten rein statischen Erfolgsrechnung werden auf ein „exemplarisches Durchschnittsjahr“ (ebd.) projiziert. Um in der Realität auftretende Einmalzahlungen auf das repräsentative Durchschnittsjahr zu abstrahieren, werden diese periodisiert. Ziel soll die Berechnung der absoluten Vorteilhaftigkeit der Projektszenarien gegenüber dem Basisszenario sein und ein Gewinn bzw. Rentabilitätsvergleich beider Projekte.

5.2.2.1 Herleitung Projektszenario A

5.2.2.1.1 Flächenversuch

Die Zuwendungsfläche, an der sich die Höhe der Zuwendung bemisst, ist in der Förderrichtlinie klar definiert. Der Fördermittelgeber legt in 3.1 fest, dass Zuwendungsempfänger Bewirtschafter von Flächen sein können, „die rechtmäßig eine Waldfläche im Sinne des §2 des Bundeswaldgesetzes, ausgenommen Weihnachtsbaum- und Schmuckreisigkulturen“ darstellen und „die auf dem Gebiet der Bundesrepublik Deutschland belegen“ sind (BMEL, 2022 a, S. 2). Um die zuwendungsfähige Fläche für

---

[10] Ergebnis wird synonym zu „Gewinn“ verwendet.

[11] Einnahme wird synonym zu „Umsatz“ verwendet.

[12] Aufwendung wird synonym zu „Aufwand“ und „Kosten“ verwendet.

den Stadtwald Gera herzuleiten, ist das Flächenverzeichnis mit den Nutzungsarten der aktuellen Forsteinrichtung (ROPTE, 2016) durchzugehen und alle Teilflächen zu summieren, die die Tatbestandsmerkmale von §2 BWaldG erfüllen. Neben den Holzbodenflächen, die per Definition als i.d.R. bestockte Fläche oder auch Blößen, Wald im Sinne des Gesetzes sind, könnte auch der Nichtholzboden die Tatbestandsmerkmale erfüllen. Ob man jedoch pauschal die gesamte Forstliche Betriebsfläche als Zuwendungsfläche betrachten kann, bleibt fraglich. Es muss trotz dessen so vorgegangen werden, dass sich die Zuwendungsfläche aus der Forstlichen Betriebsfläche abzüglich der Fläche der Weihnachtsbaumkultur des Stadtwaldes herleitet. Das Vorgehen wird in Kap. 7.2.2 (S. 58) diskutiert. Das Ergebnis der Zuwendungsfläche ist in Kap. 6.3 (S. 50) zu finden.

Zur Herleitung des Szenarios A „Habitatbaumausweisung nach dem Bundesprogramm“ muss zunächst eine Datengrundlage geschaffen werden. Dies geschieht im Design eines bespielhaften Flächenversuches. Oberstes Ziel dabei ist, sich in die betriebswirtschaftlich orientierte forstbetriebliche Praxis hineinzuversetzen. Die Grundlage hierfür und den grenzgebenden Rahmen für das Vorgehen liefert die juristische Begriffsauslegung, die in Abbildung 2 (S. 29) zusammengefasst wird. Um die Erhebungen im Gelände so einfach wie möglich zu gestalten, wird im Voraus ein Aufnahmeprotokoll (Anhang 7, S. xxvi) erstellt. Die auf der Fläche erhobenen Baumdaten umfassen Baumart, Zustand, BHD, eine Kategorisierung als Habitatbaum bzw. -anwärter sowie eine Präzisierung der Habitatentstehung. Der Stichprobenumfang wird auf 100 Habitatbäume festgelegt.

Die Möglichkeit einer Abweichung von der gleichmäßigen und ganzflächigen Habitatbaumverteilung, wie sie in Kap. 5.1.2 (S. 28) aufgeführt ist, soll aus betriebswirtschaftlichen Gründen ausgenutzt werden und zeichnet sich durch die geringe Flächengröße des Versuches (vgl. Tabelle 2, S. 46) ab. Mögliche Rechtfertigungen für dieses Vorgehen finden sich in Kap. 7.2.2 (S. 58).

Der Baumbestand der Untersuchungsfläche soll aus betriebswirtschaftlichen Gründen ein geringes Alter, ein geringes Einzelbaumvolumen und eine hohe Stammzahl aufweisen. Als Versuchsfläche wurde ausgewählt: 20 a5 (Abteilung, Teilfläche). Die Vorüberlegungen dazu sind, dass ein Habitatbaum mit möglichst geringem Volumen betriebswirtschaftlich sinnvoller ist, da die Holznutzung dieses Baumes durch das Programm untersagt wird (BMEL, 2022 a, S. 2). Eine hohe Stammzahl der Versuchsfläche soll ausreichend Optionen bei der Habitatbaumauswahl geben, den zeitlichen Aufwand des Auszeichnens durch kurze Baumabstände minimieren und eine hohe Dichte pro

Flächeneinheit bewirken und damit den „Flächenverbrauch“ für die Maßnahme senken. Des Weiteren vorteilhaft ist eine geringe Standzeit der ausgewählten Bäume, denn mit dem Absterbeprozess und Zerfall auf der Fläche, wird wieder Wuchsraum für Bestandesglieder geschaffen, die der Holznutzung zugeführt werden dürfen. Im Programm ist weder eine Mindeststandzeit vorgeschrieben, noch wird der Ersatz natürlich ausscheidender Bäume per Definition festgelegt. Priorität soll dementsprechend bei der Auswahl den Individuen eingeräumt werden, welche die betriebliche Holznutzung am wenigsten beeinträchtigen.

Konkret auf der Fläche ausgewählt werden sollen nach Einschätzung des Auszeichnenden vorzugsweise Bäume:

- mit geringer Dimension[13]
- die tot oder absterbend sind
- die ganz unterständige Bestandesglieder[14] sind
- die Pilzinfektionen oder Verletzungen aufweisen, die die Standzeit möglicherweise verringern.

Jeder Baum muss zunächst aufgesucht, nach den gesetzten Kriterien ausgewählt, danach aufgenommen und schließlich markiert werden. Die Baumdaten werden im Gelände im Formular (Anhang 7, S. xxvi) in Papierform festgehalten und anschließend am Schreibtisch digitalisiert. Eine dauerhafte Markierung auf der Fläche erfolgt durch 3 waagerechte Ringe um den Stamm in ca. 1,50 m Höhe. Die Auswahl der Bäume nach den gesetzten Kriterien soll durch geringe Abstände möglichst kleinflächig umgesetzt werden, so lange, bis der Stichprobenumfang erreicht ist. Die Größe der Auszeichnungsfläche wird anschließend per Maßband ermittelt. Der zeitliche Aufwand für die Aufnahme der 100 Bäume und ihrer Kennzeichnung im Gelände wird mittels Stoppuhr auf dem Mobiltelefon gemessen. Berücksichtigt wird die Zeitspanne (Rüstzeiten inbegriffen) exklusive Anfahrt, beginnend mit dem „Aufsuchen und Auswählen“ der Auszeichungsfläche und endend mit der „Rückkehr“ am Kraftfahrzeug.

5.2.2.1.2 Herleitung der Projektergebnisse

Das Projektergebnis A wird ermittelt durch eine betriebliche Kosten-Nutzen-Kalkulation, die auf Vorüberlegungen, Schätzungen und Erfahrungswerten des

---

[13] jedoch selbst auferlegte Untergrenze (≥ 7cm BHD, Derbholzgrenze, s. Kap. 5.1.2)

[14] Gemeint sind Bäume der Klasse 5 nach KRAFT (1984): „Ganz unterständige Bäume* 5a mit lebensfähigen Kronen[,] 5b mit absterbenden oder abgestorbenen Kronen * = ursprünglicher Begriff "Stämme" (BACHMANN, S. 2)

Verfassers basiert. Das Ergebnis des Projektszenarios A wird durch Formel 1 berechnet und bezieht sich je Hektar Holzboden und Jahr.

Formel 1:

$$\textit{Ergebnis}_{PS\,A^{15}\,[\text{in €/a/ha HBF}]} = \textit{Ergebnis}_{BS^{16}\,[\text{in €/a/ha HBF}]} + \textit{Einnahmen}_{FP^{17}\,[\text{in €/a/ha HBF}]}$$

$$-\,\textit{Aufwand}_{FP\,A\,[\text{in €/a/ha HBF}]}\left(\left(\textstyle\sum A, B, C, D\right)/10a^{18}\right)$$

Die Einnahmen des Förderprogramms können mit Hilfe der Richtlinie „Klimaangepasstes Waldmanagement“ hergeleitet werden. Da es sich um eine flächenbezogene Festbetragsfinanzierung handelt (BMEL, 2022 a, S. 3), welche die Einhaltung von 12 Kriterien vorschreibt, muss der Betrag auf das untersuchte Kriterium 2.2.8 (ebd., S. 2) reduziert werden. Den einzigen Anhaltspunkt hierfür bietet die Regelung der Kürzung der Zuwendungshöhe bezüglich der Habitatbäume 5.5.3 (ebd.). Hier wird festgelegt, dass die Höhe der Zuwendung im Fall einer bereits bewilligten „Förderung mit Mitteln anderer öffentlicher Förderprogramme für die Maßnahme, Erhalt von Biotop-/Habitatbäumen‘ [...] auf der jeweiligen Fläche um 18 Euro je Hektar und Jahr gekürzt {wird]“ (ebd.). Aufgrund des Fehlens weiterer Anhaltspunkte muss dieser Betrag als ein im Voraus vom Fördermittelgeber für das Kriterium 2.2.8 „kalkulierter“ Teilbetrag in dieser Untersuchung als Einnahme des Förderprogramms angenommen werden. Die Fördereinnahmen werden mit Hilfe der Zuwendungsfläche hergeleitet und anschließend auf den Hektar Holzboden bezogen. Eine genaue Herleitung findet sich im Anhang 9 (S. xxx).

Auf der Kostenseite dieser Untersuchung können nur quantifizierbare Kosten berücksichtigt werden. Nicht abzuschätzende Kosten werden in der Diskussion (Kap. 7.2.4, S. 60) betrachtet. Berücksichtigt werden Aufwände für:

- A Managementmaßnahmen: Zeitaufwand (Netto-Stundensatz Revierleiter) für die Erstaufnahme (Markierung und Aufnahme der Habitatbäume) und das Nachzeichnen der Bäume[19]

---

[15] PS A ....Projektszenario A
[16] BS ....Basisszenario 0
[17] FP A ....durch Förderprogramm
[18] A, B, C, D/10 a......unterschiedliche Kostenarten (siehe nachfolgend im Text)
[19] Für die Nachmarkierung der Bäume mit Langzeitfarbe nach 5 Jahren wird folgender Zeitbedarf angenommen: Zeit (Nachmarkierung) = Zeit (Erstaufnahme) / 3.

- B Gebühren für das PEFC- Fördermodul (PEFC Deutschland e.V., 2022)
- C Forst-Markierungsspray Materialaufwand (2 Markierungen im Jahrzehnt)[20]
- D Verwaltungskosten (Netto-Stundensatz Revierleiter) für die Digitalisierung der Baumdaten, Antragstellung, Zeitaufwand (PEFC-Audit).

Die Herleitung der Aufwände wird mit Hilfe der Teilergebnisse des Flächenversuches (Kap. 6.1, S. 46) durchgeführt. Dabei wird angenommen, dass jegliche Aufgaben im Zusammenhang mit dem Programm vom Revierleiter übernommen werden. Der angenommene Stundensatz für die Zeitaufwände leitet sich wie folgt als Mittelwert der Stundensätze für Beförsterungsaufgaben zweier Landesforstbetriebe her:

Tabelle 1 Stundensatz Revierleiter, Quelle Daten: (Landesregierung Brandenburg, 2023), (GROßE WIENKER, 2021)

	Einheit	Betrag
LFB Brandenburg	€	58,00
Wald und Holz NRW	€	78,20
Mittelwert	€	**68,10**

Alle Zahlungsströme, insbesondere die Aufwände werden unter Berücksichtigung der 10-jährigen Projektlaufzeit auf den jährlichen Durchschnitt periodisiert. Bezugsgröße ist der Hektar Holzboden. Da sich die Zuwendungsfläche des Projektes A von der Holzbodenfläche unterscheidet, kann dies für Verwirrung der Nachvollziehbarkeit sorgen. Die detaillierte Herleitung der Aufwände kann dem Anhang 10 (S. xxxixxxi) entnommen werden.

5.2.2.2 Herleitung Projektszenario B

5.2.2.2.1 Flächenversuch

Ebenso wie bei Projektszenario A dient der Flächenversuch bei Szenario B „Habitatbaumausweisung nach dem Thüringer Programm“ als Datengrundlage der Untersuchung. Das Vorgehen und Versuchsdesign ähneln diesem. Die Ausweisung der Bäume auf der Fläche soll ebenso aus der ökonomischen Perspektive des Forstbetriebes geschehen. Die Grenzgebung für das Vorgehen liefern die Vorgaben der Richtlinie, aus denen mittels juristischer Begriffsauslegung das Zwischenergebnis (Abbildung 3, S. 30)

---

[20] Verwendet wurde Langzeit-Markierungsfarbe. Der Hersteller „Distein“ beschreibt eine Beständigkeit von ca. 5 Jahren am Baum (Grube KG, 2023). Aufgrund dessen wird unterstellt, dass in der Programmlaufzeit von 10 Jahren nach der Erstmarkierung einmal nachmarkiert werden muss.

als Auswahlschema hergeleitet wird. Das auf dieser Grundlage erstellte Aufnahmeformular (Anhang 8, S. xxix) unterscheidet sich jedoch vom Formular des Szenarios A. Neben den sich gleichenden Grunddaten zum jeweiligen Baum, die die Waldadresse (Abteilung, Teilfläche), Baumart, Zustand (lebend/tot) und den BHD umfassen, wird die Merkmalsausprägung der einen Habitatbaum kennzeichnenden Habitate präzisiert. Außerdem werden im Gegensatz zu Szenario A nur Habitatbäume und keine Anwärter ausgewählt.

Als beispielhafte und für den Betrieb repräsentative Zuwendungsfläche im Versuch wurde gemeinsam mit dem Revierleiter Herrn Felgner die Abteilung 20 ausgewählt. Die beiden Versuchsflächen der Projekte überschneiden sich zwar, da die Fläche des Projektes A innerhalb der Abteilung 20 gelegen ist. Eine gegenseitige Beeinflussung findet jedoch nicht statt, da die Projektfläche A (Jungbestand) allein aufgrund der Dimensionierung für eine Baumauswahl im Szenario B ausscheidet. Die Flächengröße der Versuchsfläche B beträgt insgesamt 24,25 ha (ROPTE, 2016). Die Abteilung wird in drei Himmelsrichtungen von Straßen begrenzt. Da das Thüringer Programm vermutlich aus Verkehrssicherheitsgründen einen „Abstand der ausgewählten Bäume zu öffentlich gewidmeten Verkehrswegen“ von „mindestens 50 m“ (TMIL, 2020, S. 13) vorschreibt, verringert sich die tatsächliche Ausweisungsfläche jedoch um ca. 3,73 ha auf ca. 20,52 ha. Dies wurde mit dem „Messmodul“ des Geoportals des Freistaates „Geoproxy“ (TLGB, 2023) ermittelt. Siehe dazu die Abbildung 4. Als Bezugsgröße, beispielsweise zur Ermittlung der Habitatbaumdichte der ausgewählten Bäume, wird trotz dessen die gesamte Abteilungsgröße angenommen. Ob der Anteil, der nicht ausweisungsfähigen „Abstandsfläche“ repräsentativ für die gesamtbetriebliche Ausweisungsfläche ist, kann im Rahmen dieser Arbeit nicht untersucht werden.

Abbildung 4 Ausmessung "Abstandsbereich" zu öffentlichen Verkehrswegen (Quelle: (TLGB, 2023))

Die Habitatbäume werden unter Berücksichtigung des Abstandes zu Verkehrswegen mehr oder minder ganzflächig verteilt. Teilflächig werden keine auswählbaren Bäume gefunden, die den Anforderungen entsprechen. In anderen Arealen sind hingegen besonders viele Bäume mit naturschutzfachlichem Wert auffindbar. Dementsprechend erfolgt die Verteilung neben einer einzelstammweisen Auszeichnung auch häufig truppweise. Wie auch im vorherigen Szenario orientiert sich die Auswahl über den grenzgebenden Rahmen hinaus an selbst gesetzten betriebswirtschaftlichen Zielen. Die Zielsetzungen umfassen eine nach Einschätzung des Ausweisenden geringe prognostizierte Standzeit[21] des Baumes, eine waldbaulich vertretbare Auswahl und eine möglichst geringe Beeinträchtigung der Holznutzung bzw. damit einhergehender Erlöse. Wie diese Ziele konkret umgesetzt werden, wird im Folgenden geklärt.

Aufgrund des Holzvolumens als Bemessungsgröße des Zuschusses, werden in Kontrast zu Szenario A möglichst stark dimensionierte Individuen ausgewählt. Unter Berücksichtigung der Holznutzung sollen diese jedoch von möglichst geringem betriebswirtschaftlichem Wert sein. Demzufolge ausgewählt werden vorzugsweise sehr grobastige, verletzte, geschädigte, durch Fäulnisprozesse gekennzeichnete, gekrümmte, tote oder im Absterbeprozess befindliche Bäume. Mit diesen Eigenschaften

[21] Dieses Ziel wurde im vorherigen Kapitel bereits erläutert.

geht oftmals bereits ein naturschutzfachlicher Wert einher. Außerdem werden insbesondere Baumarten mit geringer Lebenserwartung und damit wahrscheinlich geringer Standzeit, wie beispielsweise die Pionierbaumart Hängebirke (*Betula pendula* R.) ausgewiesen. Des Weiteren bevorzugt werden Individuen, die aus waldbaulicher Sicht vermutlich sowieso belassen würden. Diesbezüglich infrage kommt insbesondere Laubholz in Nadelholz-dominierten Beständen, dessen Wert als Samenproduzent bzw. Verjüngungspotenzial höher ist als dessen Holzwert.

Die geforderte dauerhafte Markierung „mit Angabe des Jahres (zweistellig) und laufender Nummer (dreistellig)" (TMIL, 2020, S. 13) sowie das selbst gewählte Zeichen H (wie Habitatbaum) von zwei Seiten, wird ebenfalls mit Forst-Markierungsspray im Gelände realisiert. Da es sich nur um einen Auszeichnungsversuch im Rahmen dieser Arbeit handelt und um die Holzernte nicht zu stören, wird die Kennzeichnung auf den Boden gesprüht. Dies stellt sicher, dass es zu keiner Abweichung in der Zeitmessung im Vergleich zu einer realen Auszeichnung kommt. Das Vorgehen zur Zeiterfassung gleicht dem des Projektszenarios A.

5.2.2.2.2 Herleitung der Projektergebnisse

Die Methodik der Herleitung der Projektergebnisse des Szenarios B „Habitatbaumausweisung nach dem Thüringer Programm" ähnelt dem des A-Szenarios und basiert auf einer kalkulatorischen Kosten-Nutzen-Rechnung. Datengrundlage sind die Teilergebnisse des Flächenversuches in Kap. 6.1 (S. 46). Folgende Formel wird zur Berechnung des Betriebsergebnisses angewandt:

Formel 2:

$$\textit{Ergebnis}_{PS\,B\,AS^{22}\,[in\,€/a/ha\,HBF]} = \textit{Ergebnis}_{BS\,[in\,€/a/ha\,HBF]} + \textit{Einnahmen}_{FP\,B\,[in\,€/a/ha\,HBF]} - \textit{Aufwand}_{FP\,B\,[in\,€/a/ha\,HBF]}\,(\textstyle\sum A, B, C)$$

In Kontrast zur Richtlinie „Klimaangepasstes Waldmanagement" ist der Zuschuss keine Flächenpauschale, die sich an der Zuwendungsfläche bemisst. Bemessungsgrundlage stellt das Derbholzvolumen der ausgewiesenen Bäume dar. Die Methodik der Volumenberechnung und Inwertsetzung klärt sich in den folgenden Kapiteln 5.3.2 und 5.3.3. Des Weiteren handelt es sich, im Gegensatz zum jährlichen Zuschuss A über die

---

[22] Ergebnis $_{PS\,B\,(AS)}$ bezieht sich auf das Jahr der Antragstellung (AS).

Projektlaufzeit, um eine Einmalzahlung. Die Herleitung der Einnahmenseite kann im Anhang 12 (S. xxxvi) detailliert nachverfolgt werden.

Um eine Vergleichbarkeit mit dem Szenario A herzustellen, wird eine fiktive Projektlaufzeit von ebenfalls 10 Jahren unterstellt und die Zahlungsströme periodisiert. Für die Abstraktion auf ein repräsentatives Durchschnittsjahr wird die Formel 2 auf folgende Weise umgeändert:

Formel 3:

$$\textit{Ergebnis}_{PS\,B^{23}\,[in\,€/a/ha\,HBF]} = \textit{Ergebnis}_{BS\,[in\,€/a/ha\,HBF]} + (\textit{Einnahmen} / 10\,a)_{FP\,B\,[in\,€/a/ha\,HBF]} - \textit{Aufwand}_{FP\,B\,[in\,€/a/ha\,HBF]}\,(\textstyle\sum A, B, C / 10\,a)$$

Die quantifizierbaren Aufwände werden folgendermaßen aufgeschlüsselt:

- A Managementmaßnahmen: Zeitaufwand (Netto-Stundensatz Revierleiter) für die Erstaufnahme (Markierung und Aufnahme der Habitatbäume) + eine Nachzeichnung[24]
- B Forst-Markierungsspray Materialaufwand Erstmarkierung + eine Nachzeichnung
- C Verwaltungskosten (Netto-Stundensatz Revierleiter) für die Digitalisierung der Baumdaten und Antragstellung

Der angenommene Netto-Stundensatz des Revierleiters kann der Tabelle 1 (S. 36) entnommen werden. Die genaue Herleitung der pro Jahr und Hektar Holzboden bezogenen Aufwände A, B und C kann im Anhang 13 (S. xxxix) nachvollzogen werden. Nicht quantifizierbare Aufwände werden in der Diskussion (Kap. 7.2.4, S. 60) betrachtet. Auch die Repräsentanz der Aufwände wird im Diskussionsteil aufgegriffen, da erhebliche Einflussgrößen auf der Aufwandseite, nicht quantifizierbar sind.

5.3 Messmethoden

5.3.1 Messung des BHD und der Projektfläche

Die Brusthöhendurchmesser (Durchmesser auf ca. 1,30 m Höhe) der im Flächenversuch ausgewiesenen Bäume werden mittels einer forstlichen Kluppe gemessen. Diese

---

23 Ergebnis $_{PS\,B}$ bezieht sich auf ein exemplarisches Durchschnittsjahr einer fiktiven 10-jährigen Projektlaufzeit.

24 Für den Zeitbedarf der Nachmarkierung wurde ebenfalls angenommen: Zeit (Nachzeichnung) = Zeit (Erstaufnahme) / 3

funktioniert nach dem Prinzip eines großen Messschiebers für Baumdurchmesser. Um wissenschaftliche Fehler, die die Messergebnisse verzerren könnten, zu vermeiden, wird stets in nord-südlicher Ausrichtung gekluppt. Es wird mathematisch auf ganze Zentimeter gerundet.

Die rechteckige Auszeichnungsfläche des Projektszenarios A, die einseitig durch eine Rückegasse begrenzt wird, ermittelt sich durch Multiplikation der Kantenlängen. Diese werden mittels eines Maßbandes gemessen. Bei Szenario B gleicht die Projektfläche der Abteilungsfläche der ausgewählten Abteilung 20.

5.3.2 Herleitung des Habitatbaum-Volumens

Bemessungsgrundlage des Zuschusses nach der Richtlinie „Förderung forstwirtschaftlicher Maßnahmen" des Freistaates ist das Baumvolumen in Erntefestmeter[25]. Auch im Projektszenario B soll das Holzvolumen[26] als Bemessungsgrundlage nach der Anlage 1 der Richtlinie (TMIL, 2020, S. 35) hergeleitet werden. Es wird folgende Formel nach DENZIN verwendet:

Formel 4:

$$V_{Dh}\ (\text{in Efm}) = BHD\ (\text{in cm})^2 / 1000 * 0{,}8\ (\text{Efm})$$

Einziger Parameter zur Volumenherleitung ist demnach der BHD. Die Multiplikation mit dem Faktor 0,8 führt zur Einheit Erntefestmeter. Die Inwertsetzung des Habitatbaumvolumens wird im Folgekapitel geklärt.

5.3.3 Wertberechnung Habitatbaum

Auch die Inwertsetzung des Volumens orientiert sich im Vorgehen an der Richtlinie des Freistaates (TMIL, 2020, S. 35). Der Zuschuss berechnet sich nach folgender Formel:

Formel 5:

$$\text{Zuschuss}\ (€) = V_{Dh}\ (\text{in Efm}) * \text{Mindestpreis für Industrieholz} * 1{,}2$$

Die Einflussgrößen dieser Formel sind das Holzvolumen aus dem vorherigen Kapitel und der „Mindestpreis für Industrieholz der betreffenden Baumart bzw. Baumartengruppe

---

[25] Ein Erntefestmeter (Efm) ist ein Kubikmeter Holz, unter Annahme des Vorhabens der Holzernte, exklusive des auf der Fläche verbleibenden „nicht verwertbaren Derbholz" (NVD).

[26] Als Holzvolumen in diesem Zusammenhang wird das Derbholzvolumen (V_{Dh}) in Erntefestmeter betrachtet.

gemäß der jeweils gültigen Preisrichtlinie der Landesforstanstalt" (ebd.). Dieser Zuschuss dient dem „Ausgleich" der Nichtnutzung bzw. des Verbleibes zur Zersetzung.

Ein offizielles Dokument einer gültigen Preisrichtlinie wurde in der Recherche nicht gefunden. Die Ergebnisse werden mit einem internen Dokument der FH Erfurt „Preisuntergrenzen ThüringenForst ab 01. Januar 2022" berechnet.

5.4 Methodik des DFWR-Klimarechners

Der Klimarechner des Deutschen Forstwirtschaftsrates wurde entwickelt als „ein robustes und leicht nachvollziehbares Kalkulationstool für den einzelnen Forstbetrieb" zur „Quantifizierung der Klimaschutzleistung" (DFWR, 2018). Er baut direkt auf den betrieblichen Forsteinrichtungsdaten auf. In die Herleitung fließen insbesondere ein: „die [Kohlenstoff-]Speicherleistung des Wald- und des Holzproduktespeichers" und die „aus der Holznutzung resultierenden stofflichen und energetischen Substitutionseffekte[27]" (ebd.). Dabei werden die Biomasse-Pools in sogenannte „Kohlendioxid-Äquivalente[28]" transferiert. Details, beispielsweise zur Methodik, Entwicklung und Ergebnisinterpretation des Tools, sind der „Arbeitshilfe des DFWR-Klimarechners" (SCHLUHE, M. et al., 2018) zu entnehmen.

Die Forsteinrichtungsdaten (ROPTE, 2016) werden in das Berechnungstool eingegeben. Die unveränderten Daten repräsentieren das Basisszenario 0. Ob die mit den Projektszenarien A und B repräsentierten Förderprogramme eine Veränderung der Ergebnisse bezüglich der politischen Zielsetzung „Klimaschutz" bewirken, soll geklärt werden.

5.4.1 Herleitung Ergebnisse bezüglich Klimaschutz

Die Herausforderung in der Ergebnis-Herleitung hinsichtlich der Auswirkungen der Programme aus Perspektive des Klimaschutzes besteht darin, die Datengrundlage der 3 Szenarien mit der Eingabe des beschriebenen Kalkulationstools kompatibel zu machen.

Als Datengrundlage der Basisvariante dient die „Altersstufentabelle nach Baumartengruppen" (BAG) der Forsteinrichtung (ROPTE, 2016) des Stadtwaldes Gera. Um die BAG- und Akl.-getrennte Eingabe realisieren zu können, muss teilw. zwischen

---

27 Substitution in diesem Zusammenhang bedeutet die Ersetzung von aus fossilen Ressourcen produzierten Produkten bzw. die Nutzung dieser als Energieträger durch den Rohstoff Holz.

28 „Emissionen anderer Treibhausgase als Kohlendioxid (CO_2) werden zur besseren Vergleichbarkeit entsprechend ihrem globalen Erwärmungspotenzial in CO_2-Äquivalente umgerechnet (CO_2 = 1" (Umweltbundesamt, 2023).

den Akl. interpoliert werden. Da die Gesamtfläche der Altersstufentabelle mit ca. 729 ha von der Holzbodenfläche (rd. 743 ha) abweicht, müssen die Akl. der BAG anteilig auf die HBF extrapoliert werden. Dies ist notwendig, da sonst die Kompatibilität mit den auf die HBF bezogenen Projektszenarien nicht gegeben wäre. In die Ergebnisse einbezogen wurde ausschließlich die Schicht Oberstand.

Da in der Forsteinrichtung keine Daten zum mittleren BHD nach BAG und Akl. vorliegen, werden die im Rechner bereits zugrundeliegenden bundesdurchschnittlichen Daten der BWI[3] verwendet. Die für die Basisvariante 0 in das Tool einzugebenden Parameter umfassen die Fläche, den Vorrat, den jährlichen Zuwachs sowie die geplante jährliche Nutzung. Diese Daten in den entsprechenden Maßeinheiten müssen zuvor gesondert hergeleitet werden und können nicht aus der Altersstufentabelle übernommen werden. Anschließend wird die aufbereitete Datenmenge auf die Holzbodenfläche extrapoliert (s.o.). Mit dem Tool werden die Daten der einzelnen Akl. je BAG summiert und anschießend Hektarwerte gebildet. Die Urdaten der Eingabe des Basisszenarios sind in Anhang 14 (S. xl) dargestellt.

5.4.2 Herleitung Ergebnisse bezüglich Klimaschutz Projektszenario A

Die Herleitung der Ergebnisse des Szenarios nach dem Programm „Klimaangepasstes Waldmanagement" basiert auf dem Basisszenario (vorheriges Kap.). Lediglich die Veränderung der Forsteinrichtungsdaten durch die Managementmaßnahme der Habitatbaumausweisung soll in die Eingabedaten einfließen. Die Herleitung basiert also direkt auf den Ergebnissen des Flächenversuches. Da das Berechnungstool für die Datenbasis der Forsteinrichtung entwickelt ist und im Zuge dieser kein Totholz aufgenommen wird, werden in den Urdaten zunächst alle bereits abgestorbenen Bäume gelöscht. Dass der Totholzpool in den Berechnungen nicht berücksichtigt wird, geht auch aus den Erläuterungen des Klimarechners (DFWR, 2018) hervor.

Aus den erhobenen BHD der verbleibenden Einzelbäume werden nach der Methode 5.3.2 (S. 41) die Einzelbaumvolumina, jedoch in Vfm, hergeleitet. Diese können mittels der Habitatbaumdichte und der Zuwendungsfläche auf die Ebene des gesamtbetrieblichen Szenarios projiziert werden (Anhang 15, S. xlii). Aufgrund des Alters der ausgewählten Bäume von zum Stichtag der Forsteinrichtung ca. 25 Jahren, wird angenommen, dass alle gesamtbetrieblich ausgewählten Habitatbäume nach Projekt A der Altersklasse II[29] angehören. Da alle BAG für die Auswahl infrage kämen und der Einfluss aufgrund des sehr niedrigen Habitatbaum-Vorrates verschwindend

[29] Akl. II bedeutet: Alter zwischen 21 und 40 Jahren.

gering ist, wird dieser flächengewichtet auf die Akl. II der einzelnen BAG verteilt. Schließlich können im Eingabeformular die Vorräte der einzelnen BAG reduziert werden. Dieses Vorgehen dient einzig zur Ergebnis-Herleitung der Auswirkungen von Projektszenario A auf gesamtbetriebliche Ertragsdaten (Tabelle 5, S. 53).

Nicht berücksichtigt wird die Veränderung auf die Basisdaten des Zuwachses und der Nutzung. Letztere ist für die Herleitung von Auswirkungen auf den Klimaschutz nach dieser Methodik als einziger Parameter von Bedeutung, da Vorrat wie auch Zuwachs auf der Fläche durch das Belassen von Habitatbäumen nicht verändert werden. Die Nichtbeachtung der Nutzungsänderung ist anhand der Auswahlkriterien des Flächenversuches A (Kap. 5.2.2.1.1, S. 32) begründbar. Die Auswahl ausschließlich ganz unterständiger Bäume schwächster Dimension, führt dazu, dass verwertbares Derbholz praktisch nicht anfällt und sich die Nutzung aufgrund der Habitatbaum-Ausweisung in Projekt A nicht verändert. Dementsprechend gleichen sich die Eingabedaten im Klimarechner mit denen der Basisvariante Anhang 14 (S. xl).

5.4.3 Herleitung Ergebnisse bezüglich Klimaschutz Projektszenario B

Das Vorgehen zur Ableitung von Ergebnissen zu Auswirkungen des Szenarios bezüglich Klimaschutz ähnelt dem des vorherigen Projektszenarios. Einzelbaumdaten zu bereits abgestorben Bäumen werden entfernt. Nach der Herleitung der einzelnen Volumina werden die Werte nach den 7 BAG zunächst sortiert (Anhang 17, S. xliii), summiert und mit der Gesamtstückzahl des Szenarios multipliziert der Habitatbaumvorrat je BAG errechnet (Anhang 18, S. xlvi). Damit fließen im Gegensatz zum Projektszenario nach dem Bundesprogramm die Baumartenanteile der im Flächenversuch ausgewählten Bäume direkt mit ein.

Zur Errechnung der Ertragsdaten im gesamtbetrieblichen Szenarienvergleich (Tabelle 5, S. 53) wird die Reduktion der Parameter Vorrat, Zuwachs und Nutzung um die Differenz, die durch die Auswahl von Habitatbäumen entsteht, ermittelt. Dies geschieht Akl.- und BAG-getrennt. Der Habitatbaum-Vorrat wird anteilig der Vorräte der Basisvariante, d. h. „vorratsgewichtet" auf die Altersklassen verteilt. Für die Verteilung wird angenommen, dass die ausgewählten Habitatbäume (Mindest-BHD 35 cm) den Akl. V bis ≥IX zugeordnet werden. Aufgrund des Mindestdurchmesser erscheint eine Auswahl in jüngeren Akl. als methodisch falsch. Bei der Herleitung der 3 Parameter muss aufgrund der Datengrundlage[30] angenommen werden, dass sich die Minderung des jährlichen

[30] Hier sei angefügt, dass im Flächenversuch ausschließlich BHD-Daten zur Volumenermittlung aufgenommen werden.

Zuwachses und der geplanten Holznutzung anteilig kongruent verhält zur Reduktion des Vorrates des Basisszenarios um den Habitatbaum-Vorrat. Die detaillierte Berechnung der Eingabedaten findet sich in Anhang 19 (S. xlvii).

In die Ergebnisse des Projektszenarios B fließt jedoch ausschließlich die anteilig reduzierte geplante Holznutzung ein. Dies wurde im vorherigen Kap. bereits erläutert. Die Eingabedaten des Projektszenarios B sind in Anhang 20 (S. xlix) dargestellt.

6 Ergebnisse

6.1 Teilergebnisse des Flächenversuches

Die Ergebnisse des Flächenversuches beider Projektszenarien werden in diesem Kapitel vergleichend betrachtet (s. Tabelle 2). Es wurden aus den Einzelbaumdaten stets die arithmetischen Mittelwerte gebildet und in Bezug gesetzt. Während nach dem Programm des Freistaates ausschließlich Habitatbäume ausgewählt werden können, sind im Projektszenario A nach dem Bundesprogramm über die Hälfte der ausgewählten Bäume Habitatbaumanwärter. Die Intention, im Szenario A die Habitatbäume möglichst kleinflächig flächenanteilig zu verteilen, verdeutlicht sich in der geringen Ausweisungsfläche von 0,13 ha und der recht hohen Habitatbaumdichte von knapp 770 Stück je Hektar. Die Dichte des Flächenversuches B von 4,1 Stück pro Hektar soll nach Einschätzung des Verfassers im Szenario B gesamtbetrieblich übernommen werden, da für diese Dichte genug qualitativ „schlechte" Bäume zur Auswahl stehen und die Holznutzung bei einer recht geringen Stückzahl pro Hektar wenig negativ beeinflusst wird.

Tabelle 2 Teilergebnisse Flächenversuch (Daten: eigene Erhebungen)

	Einheit	Projekt A	Projekt B
Stichprobenumfang Habitatbäume	Stk.	100	100
Anteil Habitatbäume		49%	100%
Anteil Habitatbaumanwärter		51%	0%
durchschnittlicher BHD	cm	8,6	48,8
Fläche je 100 ausgewiesene Bäume	ha	0,13	24,25
Habitatbaumdichte Auszeichungsfläche	Stk./ha	769,2	4,1
Dichte Zuwendungsfläche gesamt	Stk./ha	5,0	4,1
Zeit Aufnahme und Markierung	Std./100 Stk.	1,750	4,783
Zeit Aufnahme und Markierung	Std./Stk.	0,018	0,048
Verbrauch Markierungsspray	ml/100 Stk.	250	750
Verbrauch Markierungsspray	ml/Stk.	2,5	7,5

Aus betriebswirtschaftlicher Sicht interessant ist der Zeitbedarf für die Aufnahme und Markierung im Gelände. Diese sogenannte Managementmaßnahme nimmt im Szenario B im Vergleich mit dem Szenario A mehr als 2,5-mal so viel Zeit in Anspruch. Auch der Verbrauch des Markierungssprays ist im Fall B erheblich höher, was wiederum auf die Dimensionsunterschiede zurückgeführt werden könnte. Weiterhin besonders auffällig ist der sich stark unterscheidende BHD der Bäume, in dem die unterschiedlichen

Zielsetzungen zu Beginn der Auszeichnung bezüglich der Dimensionierung zum Ausdruck kommen. Dieser wird in Abbildung 5 sehr deutlich.

Abbildung 5 Vergleich Habitatbaum Projekt A (links und Projekt B (rechts) (Quelle: Maurice Schäfer)

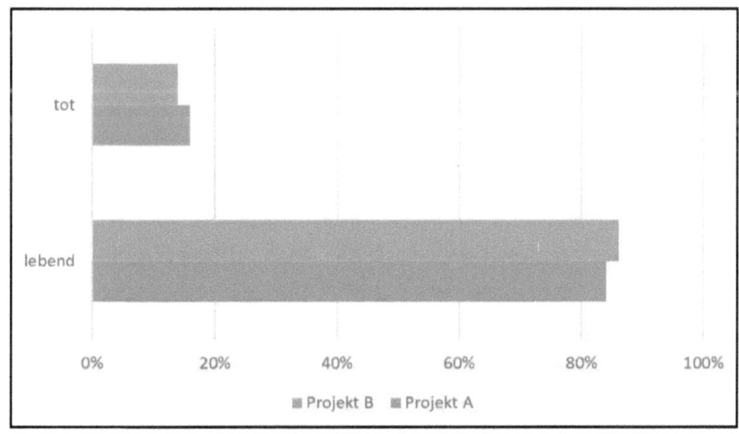

Abbildung 6 Anteile lebender und abgestorbener Habitatbäume (Daten: eigene Erhebungen)

In Abbildung 6 dargestellt sind die Anteile lebender und toter Biotopbäume. Es ist festzustellen, dass sich die beiden Flächenversuche in diesem Parameter zum jetzigen Zeitpunkt stark ähneln. Leicht überwiegend ist in Projekt A im Vergleich zu B der Anteil bereits abgestorbener Individuen.

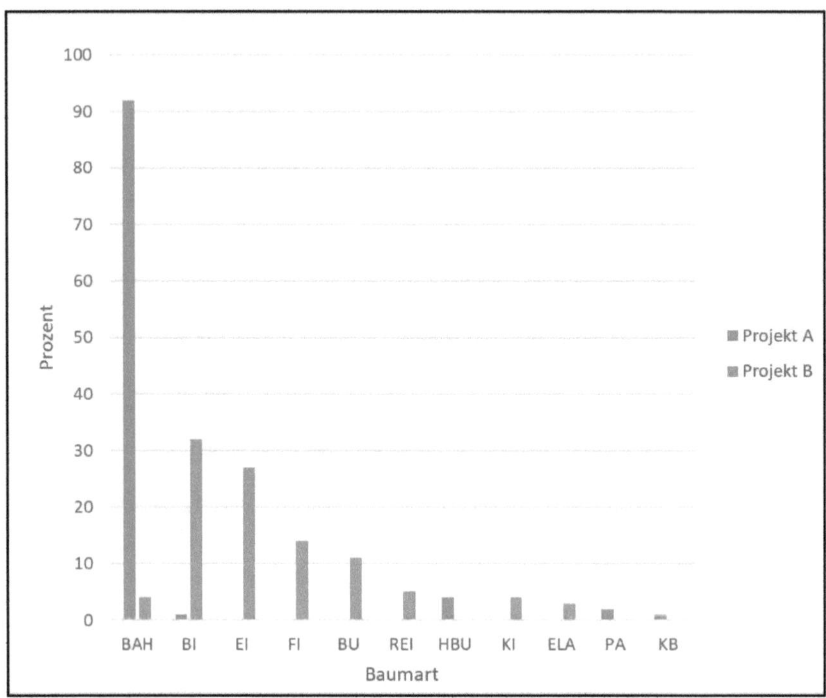

Abbildung 7 Baumarten: Anzahl und Verteilung in den Flächenversuchen (Quelle: eigene Erhebungen)

Aus Abbildung 7 geht die sich stark unterscheidende Baumartenverteilung der Flächenversuche hervor. Es werden die in der Forsteinrichtung üblichen Baumartenabkürzungen verwendet. Diese sind auch im Abkürzungsverzeichnis am Anfang geführt. Es ist zu entnehmen, dass die Auswahl bezüglich der Baumarten im Versuch A recht monoton ist und der Bergahorn *Acer pseudoplatanus* L. (BAH) mit 92 % von den 5 Baumarten anteilig am stärksten vertreten ist. Im Gegensatz dazu werden im Projekt B immerhin 8 Baumarten gewählt, deren Anteile deutlich gleichmäßiger verteilt sind.

6.2 Betriebsergebnis Basisszenario

Die Ergebnisse des Basisszenarios sind in Tabelle 1 verkürzt dargestellt. Die vollständige Berechnung ist im Anhang 5 (S. xxv) zu finden. Durchschnittlich wird im Produktbereich

2 „Schutz und Sanierung“ ein jährliches Ergebnis von ca. 3 EUR pro Hektar erzielt. Mit nur rd. 0,5 % Anteil am gesamtbetrieblichen Ergebnis von ca. 577 EUR (alle Produktbereiche inkl. Subventionen), ist der Einfluss dieses Bereichs als verschwindend gering zu betrachten. Ein Grund dafür könnte sein, dass dieser lediglich in 4 von 11 Jahren überhaupt bebucht wurde. Es wird sich zeigen, ob und wie diese Ergebnisse sich durch die Durchführung der beiden Programme verändern.

Tabelle 3: Basisszenario "Tradierte Forstwirtschaft" (ThüringenForst AöR.)

FWJ	Holz-einschlag	Ertrag PB 2	Aufwand PB 2	Ergebnis PB 2	Betriebs-ertrag	Betriebs-aufwand	Betriebs-ergebnis
(a)	(Efm/ha HBF)	(€/ha HBF)	(€/ha HBF)	(€/ha HBF)	(€/ha HBF)	(€/ha HBF)	(€/ha HBF)
	A	B	C	D	E	F	G
2004	6,0	0,00	20,26	-20,26	279,09	279,52	- 0,43
2005	5,1	0,00	0,00	0,00	375,36	299,09	76,26
2006	6,0	0,00	0,00	0,00	571,33	384,96	186,37
2007	5,1	0,00	0,00	0,00	670,82	418,59	252,23
2008	5,7	0,00	0,00	0,00	928,63	437,78	490,84
2009	5,8	0,00	0,00	0,00	1.020,41	412,30	608,11
2010	4,8	1,58	0,00	1,80	1.150,60	393,52	757,08
2011	5,6	2,16	0,00	2,16	1.428,25	445,32	982,93
2012	8,6	48,96	0,00	48,96	1.949,79	578,43	1.371,36

2013	4,8	0,00	0,00	0,00	1.958,54	432,48	1.526,06
2017	3,4	0,00	0,00	0,00	209,42	108,75	100,66
Basis-szenario	5,5	4,79	1,84	2,97	958,38	380,98	577,41
(Arithmetische Mittelwerte)							

6.3 Betriebsergebnis Projektszenario A

Die Zuwendungsfläche, die von Bedeutung für die Ermittlung der Ergebnisse der Projektszenarien ist, wurde in den Kapiteln 5.2.2 und 7.2.2 erläutert und diskutiert. Sie berechnet sich aus der Forstlichen Betriebsfläche von rd. 833 Hektar abzüglich der Weihnachtsbaumkultur von rd. 4,5 Hektar (nach Aussagen des Revierleiters). Eine genaue Flächenangabe ist nicht vorhanden, da die Nutzungsart „Weihnachtsbaum-/Schmuckreisigkultur“ im Flächenverzeichnis nicht aufgeschlüsselt ist. Demzufolge beträgt die Zuwendungsfläche ca. 828,5 Hektar.

Setzt man alle hergeleiteten Parameter in die Formel (s. Kap. 5.2.2.1.2, S. 34) ein, so ist folgendes Ergebnis A für die Projektlaufzeit von 10 Jahren zu ermitteln:

Formel 6:

$$\textit{Ergebnis}_{PS\,A\,[€/a/ha\,HBF]} = 577{,}41_{[€/a/ha\,HBF]} + 20{,}07_{[€/a/ha\,HBF]}$$

$$- 1{,}54_{[€/a/ha\,HBF]} \left(\left(\textstyle\sum 5{,}86;\ 3{,}34;\ 0{,}31;\ 5{,}93\right)/10a\right)$$

$$\textit{Ergebnis}_{PS\,A} = \underline{595,\ 94\ €/a/ha\ HBF}$$

Gegenüber des Basisszenarios kann das Betriebsergebnis im Projektszenario „Habitatbaumausweisung nach dem Bundesprogramm“ innerhalb der 10-jährigen Projektlaufzeit um 18,53 EUR je Jahr und Hektar Holzbodenfläche gesteigert werden. Um Klarheit zu schaffen sei an der Stelle bereits angebracht, dass dieser Betrag die angenommene Einnahme von 18,00 EUR je Hektar Zuwendungsfläche aus dem Grund übersteigt, weil die Zuwendungsfläche größer als die Holzbodenfläche ist, da auch z-

Flächen ausgenommen Weihnachtsbaum- und Schmuckreisigplantagen in die Zuwendungsfläche einfließen (s. Kapitelanfang).

6.4 Betriebsergebnis Projektszenario B

Für das Projektszenario B „Habitatbaumausweisung nach dem Thüringer Programm" werden die Ergebnisse ebenfalls auf den Hektar Holzboden bezogen. Die Habitatbaumdichte von 4,1 Stück je Hektar wird mit dieser Fläche multipliziert, um die Gesamtstückzahl herzuleiten. Durch das Einsetzen in die Formel (s. Kap. 5.2.2.2.2, S. 39) kann folgendes Ergebnis errechnet werden:

Formel 7:

$$\textit{Ergebnis}_{\textit{PS B (AS) [€/a/ha HBF]}} = 577{,}41_{\textit{€/a/ha HBF]}} + 412{,}48_{\textit{[€/a/ha HBF]}}$$

$$- 27{,}69_{\textit{[€/a/ha HBF]}} (\sum 18{,}23;\ 0{,}68;\ 8{,}78)$$

$$\textit{Ergebnis}_{\textit{PS B (AS)}} = \underline{\underline{962{,}20\ \text{€/a/ha HBF}}}$$

Gegenüber dem Basisszenario als Nullvariante kann das Betriebsergebnis im Jahr der Antragstellung unter Einbezug einer folgenden Nachmarkierung der Habitatbäume um rd. 385 EUR gesteigert werden. Periodisiert man das Projektergebnis auf ein exemplarisches Durchschnittsjahr einer fiktiven 10-jährigen Projektlaufzeit, so wird folgendes Ergebnis erzielt:

Formel 8:

$$\textit{Ergebnis}_{\textit{PS B [in €/a/ha HBF]}} = 577{,}41_{\textit{€/a/ha HBF}} + (412{,}48\ /\ 10\ a)_{\textit{€/a/ha HBF}}$$

$$- 2{,}77_{\textit{€/a/ha HBF}} ((\sum 18{,}23;\ 0{,}68;\ 8{,}78)/\ 10\ a)$$

$$\textit{Ergebnis}_{\textit{PS B}} = \underline{\underline{615{,}89\ \text{€/a/ha HBF}}}$$

Zur Vergleichbarkeit mit dem Szenario A auf ein repräsentatives Durchschnittsjahr abstrahiert, kann das Betriebsergebnis des Basisszenarios 0 um 38,48 EUR gesteigert werden.

6.5 Ergebnisse der Projektszenarien im Vergleich

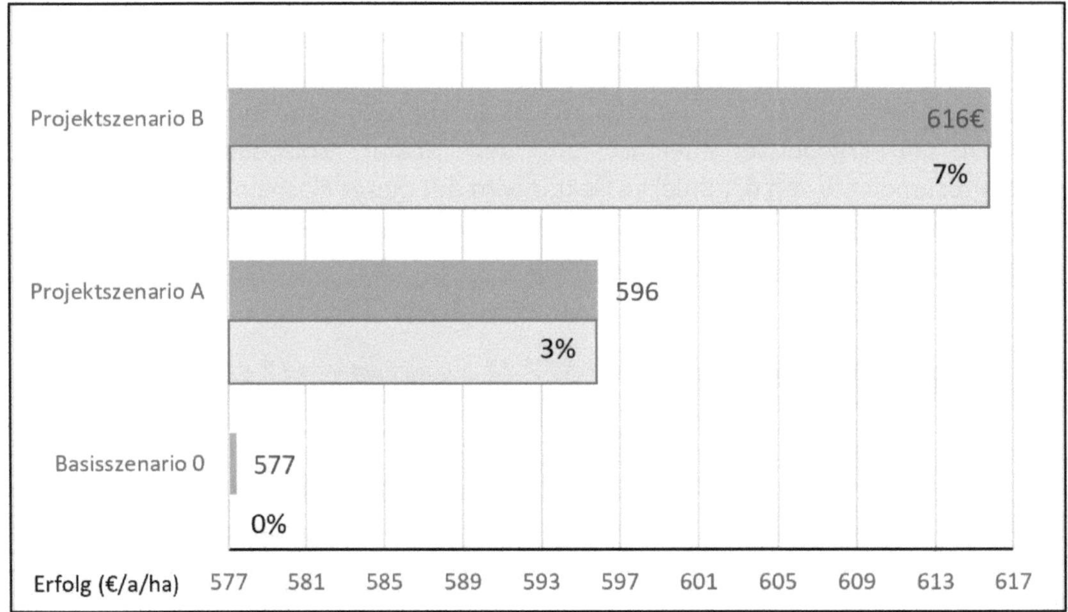

Abbildung 8 Vergleich Projektergebnisse und prozentuale Veränderung gegenüber des Basisszenarios
(Quelle: eigene Erhebungen)

Im Vergleich der 3 Szenarien aus betriebswirtschaftlicher Sicht (Abbildung 8) fällt auf, dass beide Projektszenarien ein deutlich positives Ergebnis haben, d. h. beide sind gegenüber dem Basisszenario 0 absolut vorteilhaft und ein zusätzlicher Gewinn ist zu erwarten. Dieser Überschuss in Bezug zum Basisszenario (= 0% Mehrgewinn) wird prozentual in Abbildung 8 dargestellt. Werden die Ergebnisse der beiden Projektszenarien gegenübergestellt, kann gewinnvergleichend induziert werden, dass Szenario B mit rund 616 EUR je Jahr und Hektar HBF und ca. 7% Mehrgewinn zur Nullvariante deutlich vorteilhafter als Variante A mit rd. 569 EUR und 3% Steigerung ist.

Unter Einbezug der Kostenseite, als für die Projekte aufzuwendendes Kapital, wird in Tabelle 4 die Rendite der Projekte hergeleitet und gegenübergestellt. Da die Ergebnisse die Aufwände stark übersteigen, können in beiden Projekten deutlich positive Renditen erwartet werden. Im Projektvergleich ist das Szenario B rentabler als A.

Tabelle 4 Rendite: Herleitung und Vergleich (Quelle: eigene Erhebungen)

	Einheit	Zeile	Berechnung	Projekt A	Projekt B
Einnahmen/Umsatz	€/a/ha	A		20,07	41,25
Aufwände/Kosten	€/a/ha	B		1,54	2,77
Ergebnis/Gewinn	€/a/ha	C	A - B	18,53	38,48
Rendite		D	C / B *100%	1203%	1389%

In Tabelle 5 dargestellt ist, wie sich die Umsetzung der Szenarien gesamtbetrieblich in den Ertragsdaten auswirken würde. Die Herleitung erfolgt nach der Methodik des Kapitels 5.4 (beginnend mit S. 42) inklusive aller dort zugrunde gelegten Annahmen und Datengrundlagen durch Eingabe dieser in das Kalkulationstool des Deutschen Forstwirtschaftsrates (DFWR, 2018). Es werden die Parameter Vorrat, Zuwachs und geplante Nutzung unter dem Vorbehalt deren „Nutzbarkeit“ beleuchtet. Damit soll ausgedrückt werden, dass die Differenz zur Basisvariante durch den ausgezeichneten, i. S. d. Holznutzung nicht mehr nutzbaren, „Habitatbaumvorrat“ zustande kommt. D. h. der tatsächliche Vorrat und Zuwachs auf der Fläche bleibt gleich, nur kann dieser aufgrund des Verbleibes der Habitatbäume bis zur Zersetzung nicht mehr genutzt bzw. abgeschöpft werden. Dabei fällt auf, dass das Projektszenario A keinerlei gesamtbetrieblich darstellbaren ertragskundlichen und nutzungstechnischen Auswirkungen hat, wenn das Projektdesign identisch übernommen wird und entsprechend geeignete Bestände zur Ausweisung vorhanden sind. In Kontrast dazu wirkt sich das Szenario der Umsetzung der aktuellen Thüringer Richtlinie erheblich gesamtbetrieblich aus. Ca. 5 % der jährlich geplanten Holznutzung kann zugunsten der Habitatbäume bei ganzflächiger Durchführung und identischem Projektdesign (Dichte ca. 4,1 Stk. / ha) nach dieser Untersuchung nicht mehr stattfinden. Außerdem sind ca. 95 % des stehenden Vorrates und ca. 98 % des jährlichen Zuwachses nicht mehr nutzbar.

Tabelle 5 Folgen der Szenarienbildung auf gesamtbetriebliche Ertragsdaten (Quelle: eigene Erhebungen, (DFWR, 2018))

Parameter	Einheit	Basisszenario 0	Projektszenario A	Projektszenario B
"nutzbarer" Vorrat Derbholz	Vfm/ha	203	203	193
anteilig		100%	100%	95%
"nutzbarer" jährlicher Zuwachs Derbholz	Vfm/ha	6,0	6,0	5,9
anteilig		100%	100%	98%
geplante jährliche Nutzung Derbholz	Efm/ha	3,8	3,8	3,6
anteilig		100%	100%	95%

6.6 Ergebnisse bezüglich Klimaschutz

In Abbildung 9 dargestellt ist die jährliche Klimaschutzleistung des Stadtwaldes Gera je Hektar. Die Klimaschutzleistung ist als jährliche Änderung der anteilig dargestellten berücksichtigten Parameter zu verstehen (DFWR, 2018). Die 3 einbezogenen Pools sind grundsätzlich positiv. Der Waldspeicher repräsentiert den aufstockenden Vorrat des Betriebes. Der Holzproduktespeicher beschreibt die nach der Holzernte in Holzprodukten fixierte Masse in CO_2-Äquivalenten. Dabei werden ausschließlich mittel- bis langlebige Holzprodukte, wie beispielsweise Möbel oder Bauholz, berücksichtigt. Auch der Ersatz von fossilen Energieträgern und Werkstoffen, die unter hohem energetischen Aufwand produziert würden, durch den nachwachsenden Rohstoff Holz, hat einen positiven Einfluss auf die Klimaschutzleistung des Betriebes. Derartige Effekte werden als Substitutionseffekte bezeichnet und haben den größten Anteil an der Klimaschutzleistung (DFWR, 2018).

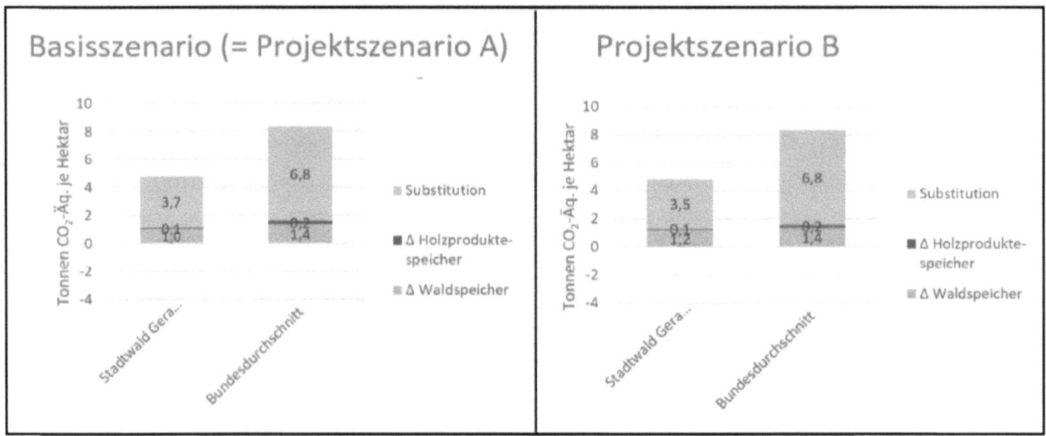

Abbildung 9 Jährliche Klimaschutzleistung je Hektar getrennt nach den Entstehungsorten - Szenarienvergleich und Bundesdurchschnitt (Quelle: (DFWR, 2018))

Im Vergleich des Beispielbetriebes mit dem Bundesdurchschnitt ist abzuleiten, dass dessen Klimaschutzleistung erheblich geringer ist. Projektszenario A gleicht der Basisvariante. Die Abbildung 9 gibt einen groben Überblick der anteiligen Verteilung der Pools. Im Szenarienvergleich ist diese jedoch insofern wenig aussagekräftig, als dass die Daten sehr stark gerundet dargestellt werden.

Aus diesem Grund wurde basierend auf den Hauptergebnisse des Klimarechners (vgl. Anhang 21, S. li und Anhang 22, S. lii) folgende Tabelle erstellt (Bundesdurchschnitt wurde aus Abbildung 9 übertragen):

Tabelle 6 Szenarienvergleich und Bundesdurchschnitt bzgl. Kohlenstoffsenkenleistung (Quellen: eigene Erhebungen; (ROPTE, 2016); (DFWR, 2018))

Parameter	Einheit	Bundesdurchschnitt	Szenario 0/A	Szenario B
Substitution	t CO2-Äq.	6,80	3,67	3,52
	anteilig	81,0%	76,6%	72,9%
Holzproduktespeicher	t CO2-Äq.	0,20	0,11	0,11
	anteilig	2,00%	2,27%	2,20%
Waldspeicher	t CO2-Äq.	1,40	1,01	1,20
	anteilig	17,00%	21,17%	24,89%
Klimaschutzleistung gesamt	t CO2-Äq.	8,40	4,79	4,83

Es ist festzustellen, dass im Bundesdurchschnitt vergleichsweise zum Stadtwald Gera die Substitutionseffekte anteilig gegenüber der Senkenleistung der weiteren Pools deutlich überwiegen. Projektszenario A hat keinerlei Effekte auf die Klimaschutzleistung. In Kontrast dazu bewirkt die Durchführung des Projektes B eine erhebliche Veränderung. Die Kohlenstoffsenkenleistung des Betriebes steigt mit der Durchführung der Richtlinie des Freistaates nach dem beschriebenen Forschungsdesign zwar nur um ca. 0,8% auf 4,83 Tonnen CO_2-Äquivalente, jedoch verschieben sich die Anteile aufgrund der verringerten Nutzung deutlich zugunsten des Waldspeichers.

7 Diskussion

7.1 Diskussion Teilergebnisse des Flächenversuches

In Abbildung 5 (S. 47) exemplarisch dargestellt ist die unterschiedliche Dimensionierung und das auseinandergehende Erscheinungsbild eines typischen Auswahlbaumes in den beiden Projektszenarien. Dabei fällt auf, dass es sich im Projekt A um sehr schwach dimensionierte Bäume handelt, die der Außenstehende vermutlich nicht als Habitatbaum identifizieren würde. Ob mit dieser stark betriebswirtschaftlichen Herangehensweise innerhalb der Grenzen der juristischen Auslegung jedoch die politische Intention des Fördermittelgebers der „Verbesserung der biologischen Vielfalt“ (BMEL, 2022 a, S. 1) erreicht wird, ist zweifelhaft. Das Förderprogramm des Freistaates ist hinsichtlich seiner Vorgaben deutlich präziser (vgl. Kap. 5.1.2, S. 28). An dieser Stelle soll die Mutmaßung geäußert werden: Je präziser ein politisches Programm formuliert wird, desto mehr entspricht die tatsächliche Umsetzung und Zielerreichung in der Praxis den anfänglich gestellten Programmzielen. Diese Hypothese müsste in einer weiteren Untersuchung verifiziert werden.

Abbildung 6 (S. 47) stellt die anteilige Verteilung lebender und abgestorbener Habitatbäume in den beiden Projekten vergleichend dar. Diese ist zum jetzigen Zeitpunkt recht ähnlich. Die Annahme, dass der Anteil abgestorbener Individuen im Projekt A im Vergleich zu B vermutlich in den nächsten Jahren stark ansteigen wird, kann aus forstfachlicher Sicht damit begründet werden, dass vorrangig ganz unterständige Bestandesglieder ausgewiesen werden. Besonders die anteilig stark vertretene Lichtbaumart BAH ist für einen recht schnellen Absterbeprozess unterständiger Individuen prädestiniert. Das anfängliche betriebswirtschaftliche Ziel einer möglichst geringen Standzeit der Habitatbäume (vgl. Kap. 5.2.2.1.1, S. 32) wird mit diesem Auswahlkriterium vermutlich erreicht werden.

Der in Abbildung 7 (S. 48) dargestellte Unterschied der Projektszenarien hinsichtlich der Baumartenanzahl und anteiligen Verteilung kann vermutlich folgendermaßen erklärt werden. Die höhere Baumartenvielfalt in Projekt A steht wahrscheinlich in direktem Zusammenhang mit der Projektfläche. Es ist wahrscheinlicher, mehr Arten zu finden, je größer die Aufnahmefläche ist. Die Methode der Ermittlung der mindesten Flächengröße, um möglichst das gesamte Artenspektrum abzudecken, wird in der Pflanzensoziologie als „Minimalarealanalyse“ bezeichnet.

Der Flächenversuch A ist exemplarisch für das Ziel der Untersuchung einer „Handreichung für die praktische Umsetzung“ des Programms „Klimaangepasstes

Waldmanagement“ zu sehen. Zur Einordnung der Aussagekraft sei auf das Kap. 7.1 (S. 56) verwiesen.

7.2 Diskussion Szenarienbildung

7.2.1 Diskussion Basisszenario

Zur Repräsentativität der Daten des Basisszenarios (Kap. 6.2, S. 48) sollen im Folgenden einige Anmerkungen getroffen werden. Für die arithmetischen Mittelwerte als Ergebnisse des Basisszenarios wurde sich entschieden, auch wenn diese keine Trends in eine bestimmte Richtung für die Zukunft berücksichtigen. Im Rahmen dieser Untersuchung würden Trends des Basisszenarios eine untergeordnete Rolle spielen, da insbesondere die Projektszenarien als mögliche Durchführung von politischen Programmen Gegenstand sind. Ziel war es, durch diverse Schwankungen bedingte Abweichungen der Daten in den einzelnen Jahren, durch eine möglichst hohe Anzahl „herauszumitteln“. Da der Untersuchungsbetrieb jedoch nicht durchgängig am Testbetriebsnetz Forst teilnahm, standen als Grundlage nur 11 Forstwirtschaftsjahre zur Verfügung.

Nach 2017 nahm der Betrieb nicht mehr am Testbetriebsnetz teil, was die Aktualität der Daten erheblich einschränkt. Ob die „Dürrejahre“ 2018 bis 2020 jedoch aufgrund von Kalamität und erheblichen Zwangsnutzungen (Quelle: mündliche Aussagen des Revierleiters) überhaupt repräsentativ gewesen wären und diese hätten einfließen können, wäre zu klären gewesen. Auch in den Jahren 2014 bis 2016 nahm der Betrieb nicht am Vergleich teil. Des Weiteren gab es keine Möglichkeit, sich auf die Jahresabschlüsse der Verwaltung zu beziehen, da nur ein gesamter Haushaltsabschluss des Amtes für Stadtgrün verfügbar war. Aufgrund dessen sowie der Verschlüsselung der Kostenstellen war es nicht möglich, aussagekräftige Daten zum zugehörigen Kommunalforstbetrieb zu extrahieren, weshalb die Jahresabschlüsse als Datengrundlage ausschieden. Die Datengrundlage und deren Aktualität sind demnach als begrenzende Faktoren für den Aussagewert und die Repräsentativität des Basisszenarios 0 zu betrachten. Dies stellt jedoch nicht grundsätzlich die Untersuchungsergebnisse infrage, da die Nullvariante lediglich als Vergleich dient, um quantitative Veränderungen durch die beiden Projektszenarien darzustellen und gesamtbetrieblich einordnen zu können.

Der geringe Einfluss des Produktbereiches „Schutz und Sanierung“ in der Basisvariante wurde im Ergebnisteil bereits erläutert. Bezüglich dieses Produktbereiches können ehemalige Buchungsfehler bzw. Auslassungen beim Ausfüllen der Erhebungsbögen nicht ausgeschlossen werden. Auffällig sind insbesondere die Jahre 2010, 2011 und

2012, in denen ausschließlich Erträge aber keine Aufwendungen in diesem Produktbereich gebucht wurden. Unter „Schutz und Sanierung" werden Erträge vor allem durch Fördermittel erwirtschaftet, was sich mit der Aufschlüsselung der Kostenstellen im Testbetriebsnetz (ThüringenForst AöR.) belegen lässt. Die Annahme, dass hinter jeder durchgeführten Maßnahme ein gewisser Aufwand steckt und wenn es auch nur Verwaltungskosten sind, beispielsweise um Formulare auszufüllen, wirft diesbezüglich Fragen auf.

Im Anhang 6 (S. xxvi) dargestellt sind vergleichsweise Durchschnittsergebnisse ähnlicher Forstbetriebe (Körperschaftswald, zwischen 500 und 100 Hektar Holzbodenfläche) allerdings erst ab dem Jahr 2007. Die Daten sind dem Archiv der Buchführungsergebnisse Testbetriebsnetz Forst (BMEL) entnommen. Vergleicht man das durchschnittliche Betriebsergebnis des Stadtwaldes Gera von rd. 577 EUR je Hektar Holzbodenfläche mit anderen Testbetrieben ähnlicher Betriebsgröße und gleicher Eigentumsform, so fällt auf, dass dieses überdurchschnittlich hoch ist. Die weiteren Körperschaftsforstbetriebe erreichen im Durchschnitt in den untersuchten Jahren dagegen nur ca. 103 EUR je Hektar Holzbodenfläche (Anhang 6, S. xxvi). Die Betriebsergebnisse des Stadtwaldes Gera übersteigen diesen Wert um mehr als das Fünffache. In einem mündlichen Gespräch begründet der Revierleiter dies mit dem ausschließlichen Unternehmereinsatz. Eigene Arbeitskräfte bzw. Forstwirte würden nicht beschäftigt. Diese wären kostenintensiver als Forstunternehmer. Ein weiterer Grund sei der hohe Anteil der Baumart Eiche, deren erheblicher Holzverkaufserlös zu diesem Betriebsergebnis beitrage.

Es fällt auf, dass die Ergebnisse des Produktbereiches „Schutz und Sanierung" der anderen Testbetriebe durchschnittlich -7,5 EUR je Hektar Holzboden betragen, welche das Ergebnis des Untersuchungsbetriebes von rd. 3 EUR stark unterschreiten und stets negative Ergebnisse erzielt werden. Die weitere Ursachenforschung der gewonnenen Ergebnisse des Basisszenarios im Benchmarking-Prozess soll allerdings nicht Teil dieser Untersuchung sein.

7.2.2 Diskussion Projektszenario A

Bezüglich der Herleitung der Zuwendungsfläche (s. Kap. 5.2.2.1, S. 32) muss Folgendes noch ergänzend hinzugefügt werden. Der Nichtholzboden bzw. die „z-Flächen" und die Wegeflächen werden in der aktuellen Forsteinrichtung (ROPTE, 2016) im Flächenverzeichnis zusammengefasst und nach Nutzungsarten geordnet. Leider sind diese Nutzungsarten weder genug aufgeschlüsselt, um davon abzuleiten, ob diese tatsächlich alle Tatbestandsmerkmale nach §2 BWaldG erfüllen, noch sind

Informationen über eine örtliche Verteilung vorhanden, die darauf schließen lassen würden, dass diejenigen Teilflächen „mit dem Wald verbundene“ oder „ihm dienende Flächen“ (§2 BWaldG, Abs.1, Satz 2) sind. Lediglich die Zuordnung zum Flächentyp „Nichtholzboden“ und damit zur „Forstlichen Betriebsfläche“, lässt den Schluss zu, dass der „negative“ Tatbestand einer landwirtschaftlichen Nutzung negiert werden kann. Ansonsten wäre eine Zuordnung zur „Nichtforstlichen Betriebsfläche“ geschehen. Für eine hinreichende Genauigkeit und Belastbarkeit der Zuwendungsfläche müsste jedoch jedes Flurstück vor Ort auf die Tatbestandsmerkmale nach §2 BWaldG geprüft werden, was aus zeitlichen Gründen nicht möglich ist. Demzufolge wird mit der Forstlichen Betriebsfläche von 833 ha abzüglich der Weihnachtsbaumkultur gerechnet.

Um weitere Begründungen für die Rechtfertigung einer flächenanteiligen Verteilung im Projekt im Sinne der Richtlinie (BMEL, 2022 a, S. 2) zu liefern, sei genannt, dass der Forstbetrieb genaue Vorstellungen bezüglich der jeweiligen Habitatbäume haben kann, die aufgrund der Bestandes- und Baumartensituation nur sehr teilflächig erfüllt werden. Die Freiräume bzw. bewusst gewählten Unbestimmtheiten (vgl. Kap. 5.1.1.2, S. 23) der Richtlinie können nur durch eine flächenanteilige Verteilung genutzt werden. Einen weiteren Grund kann der ausschließliche Einsatz von Forstunternehmen im Stadtwald Gera anstelle von eigenen Arbeitskräften darstellen. Um Arbeitsaufträge möglichst einfach für Fremdfirmen zu halten, insbesondere aus Gründen der Arbeitssicherheit, wären ganzflächig verteilte Habitatbäume hinderlich. Eine GPS-basierte Aufnahme der Habitatbäume und -anwärter, die die Wiederauffindbarkeit erheblich erleichtern würde, wird seitens des Fördermittelgebers nicht gefordert und wird deswegen aus Kostengründen und fehlender Technik nicht durchgeführt. Auch die Wiederauffindbarkeit kann eine Begründung darstellen für die Notwendigkeit einer flächenanteiligen Verteilung auf einer Teilfläche. Die Reihe von Begründungen an dieser Stelle kann beliebig erweitert werden und beschränkt sich nicht nur auf betriebswirtschaftliche Aspekte.

Zur Beurteilung der Ergebnisse der Projektszenarien im Allgemeinen und auch bezüglich der Bewertung der Ertragsdaten (Tabelle 5, S. 53) und Klimaschutzergebnisse (Kap. 6.6, S. 54) bleibt anzufügen, dass die Volumen-Herleitung ausschließlich unter Einbezug des Parameters „BHD“ (Methodik Kap. 5.3.2, S. 41) nicht außerordentlich genau ist.

Faktoren wie die Baumhöhe, der Ausbauchungskoeffizient[31] und Abholzigkeit[32] werden nicht einbezogen.

7.2.3 Diskussion Projektszenario B

Die Tatsache, dass der Stadtwald Gera bereits an einem Landesprogramm mit Bezug zu einer Habitatbaummaßnahme teilnahm, beeinflusst das Ergebnis des Szenarios B nicht, da die bereits ausgewiesenen Habitatbäume bei den Außenaufnahmen ausgespart werden. Die nach Aussage des Revierleiters nur ca. 35 bereits ausgewählten Bäume stellen bezüglich deren Auslassung kein Problem dar.

In Anhang 19 (S. xlvii) bestätigt sich nachträglich die Repräsentanz der Versuchsfläche von Szenario B. Die durch die Habitatbaum-Maßnahme anteilige Reduzierung von gesamtbetrieblichen Parametern ist relativ gleichmäßig. Abweichungen sind mit der prädisponierten Auswahl bestimmter Baumartengruppen (vgl. 5.2.2.2.1, S. 36) begründbar. Zu nennen ist beispielsweise die bevorzugte Ausweisung von *Betula pendula* L. der BAG ALN[33] aufgrund der niedrigeren Lebensdauer von Pioniergehölzen. Diese BAG fließt deshalb stärker in das Szenario ein, als die gesamtbetrieblich anteilige Baumartenverteilung es zulassen würde (vgl. **Fehler! Verweisquelle konnte nicht g efunden werden.**, S. **Fehler! Textmarke nicht definiert.**).

7.2.4 Diskussion Aussagekraft der Projektszenarien

Im folgenden Kapitel soll die Aussagekraft und Tragweite der Projektszenarien für die Praxis näher beleuchtet werden. Bereits angedeutet wurde, dass nicht alle Parameter, insbesondere die der Aufwandseite betrachtet werden können. Nicht quantifizierte Aufwände sind:

- a) die Nicht-Nutzbarkeit des Holzvorrats der Habitatbäume und deren Zuwachs bis zum natürlichen Zerfall
- b) ein erhöhter Aufwand für Unternehmerleistungen durch erhöhte Maßnahmen zur Arbeitssicherheit
- c) Aufwände für Nachmarkierung bis zum natürlichen Zerfall

Bei beiden Szenarien im Rahmen dieses Versuches nicht quantifiziert ist der indirekte betriebswirtschaftlich-nachteilige Aufwand a). Dieser ist besonders für Szenario B

---

[31] Dieser bezeichnet das „Verhältnis des Schaftdurchmessers in festgelegter Höhe des Schaftes zu einem Bezugsdurchmesser“ (lexicon-silvestre, S. 50).

[32] Abholzigkeit ist die „Eigenschaft eines Schaftes [...] oder Stammes [...], sich nach der Spitze zu verjüngen, dünner zu werden (lexicon-silvestre, S. 50).

[33] ALN.....Abkürzung für „Andere Laubbäume mit niedriger Umtriebszeit“

aufgrund der hohen Dimension des Einzelbaumes und des gesamten Habitatbaum-Volumens von erheblicher Bedeutung. Dies deutet sich auch in Tabelle 5 (S. 53) an. Eine finanzielle Quantifizierung des Aufwandes a) wäre unter Umständen, z.B. nach der Methodik Kap. 5.3.3 (S. 41) möglich. Sie ist jedoch im Rahmen dieser Untersuchung nicht zielführend. Eine Inwertsetzung der durch die Auswahl verringerten Holznutzung als Aufwand, würde einen Großteil der durch die gleiche angewandte Methodik erzielten Einnahmen vermutlich wieder „aufwiegen“. Unter der Annahme, der Holzverkaufserlös gleiche sich mit der in Kap. 5.3.3 verwendeten durchschnittlichen „Preisuntergrenze“, ist der Vorteil der Durchführung der Thüringer Richtlinie gegenüber der kontinuierlichen Holzernte desselbigen Volumens die Ersparnis der damit zusammenhängenden Holzerntekosten.

Durch das Projektdesign im Szenario nach dem Bundesprogramm ist a) zu vernachlässigen, da nutzbares Derbholz in dieser schwachen Dimension noch nicht anfallen würde.

Ebenfalls in die Berechnung der Szenarienergebnisse nicht einfließen können erhöhte Dienstleisterkosten b), z.B. für veränderte Arbeitsverfahren im Bereich der Holzernte mit gesteigerten Anforderungen an die Arbeitssicherheit. Besonders im Projektszenario B ist mit diesem Aufwand bei einer flächigen Verteilung von stark dimensionierten Habitatbäumen zu rechnen. Aufgrund des geringen Flächenbedarfes von Projektszenario A und einer anteilig konzentrierten Verteilung, ist dieser Aufwand im Versuchsdesign A vernachlässigbar, weil diese relativ geringe Auszeichnungsfläche von der Holznutzung segregiert werden könnte. Die Flächengröße, die dazu bis zum Zerfall der unterständigen Habitatbäume aus der Nutzung genommen werden müsste, kann mit der Habitatbaumdichte von ca. 770 Stk. je Hektar Auszeichnungsfläche (s. Tabelle 2, S. 46) und der Gesamtstückzahl von 4140 Stk. des Szenarios A hergeleitet werden und beträgt ca. 5,4 ha.

Der Aufwand c) einer Nachzeichnung der ausgewählten Bäume zur dauerhaften Markierung, teilt sich in Material (Forstfarbe) und Zeitaufwand. Dieser wurde insofern berücksichtigt, dass in beiden Projekten bereits ein „Nachmarkierungsdurchgang“ einkalkuliert ist. Der nicht einschätzbare Teil dieses Aufwandes bezieht sich auf die Zeitspanne nach der tatsächlichen bzw. fiktiven Projektlaufzeit von 10 Jahren und ist von der Standzeit bis zum Zeitpunkt des Zerfalls abhängig, der in diesem Rahmen nicht genau prognostizierbar ist.

Als Risiko für Förderprogramme im Allgemeinen ist i.d.R. der Vorbehalt der Verfügbarkeit von Haushaltsmitteln zu betrachten. Im untersuchten Förderprogramm des Bundes erfolgt die Bewilligung und Auszahlung der Mittel haushaltsjährlich (BMEL, 2022 a, S. 4). Dies könnte konkret bedeuten, dass abweichend vom Design des Projektszenarios A ein Großteil der Kosten (Erstauswahl) reell bis „spätestens zwei Jahre nach Antragstellung“ (ebd., S. 2) anfallen, die für 10 Jahre Bindefrist kalkulierten Einnahmen jedoch teilweise haushaltsjährlich ausfallen könnten, da aufgrund der Begrenztheit des Haushaltes eventuell nicht alle Antragsteller bedient werden können. Dies stellt ein erhebliches Betriebsrisiko dar.

Alle diese nicht abschätzbaren Risiken und Aufwände würden vermutlich zu einer Senkung der Projektergebnisse führen, wären sie quantifizierbar. Dies muss in der Beurteilung der Ergebnisse berücksichtigt werden. Die Flächenversuche und Szenarien sind ausschließlich exemplarisch zu beurteilen und können die tatsächliche Durchführung nicht vollumfänglich und genauestens abbilden. Es handelt sich um einen kalkulatorischen Ansatz. Die Förderanträge wurden beispielsweise nicht tatsächlich gestellt, weshalb auch der Verwaltungsaufwand abweichen kann. Das Versuchsdesign eines Flächenversuches in einem Beispielbetrieb (Stadtwald Gera) mit einem Stichprobenumfang von jeweils 100 Habitatbäumen ist abhängig von den vorgefundenen Betriebsstrukturen und der naturellen Ausstattung. Des Weiteren muss die Zielsetzung des Antragstellers stets berücksichtigt werden. Das Projektdesign ist diesbezüglich nur „Mittel zum Zweck“ und stellt lediglich eine Variante für die konkrete Umsetzung des Programms „Klimaangepasstes Waldmanagement“ dar. Die allgemeine Aussagekraft und Trageweite für sämtliche Betriebsstrukturen der forstbetrieblichen Praxis ist deshalb zu relativieren.

7.2.5 Diskussion Betriebsergebnisse Projektszenarien im Vergleich

Zur Aussagekraft der in den Projektszenarien erzielten Ergebnisse sei auf das vorherige Kapitel verwiesen. Die Ergebnisse beziehen sich ausdrücklich auf das verwendete Projektdesign. Sie können nicht beliebig auf alle Umsetzungsvarianten der politischen Programme und alle potentiellen Teilnehmer übertragen werden, jedoch dienen sie als Anhaltspunkt, in welcher Größenordnung die Deckungsbeiträge bei ähnlicher Umsetzung liegen können.

Die Herleitung der außerordentlich hohen Renditen von jenseits der 1000% wurde in Kap. 6.5 (S. 52) bereits mit der geringen Kostenseite erklärt. Zur Bewertung dieser soll jedoch betont werden, dass es sich um Förderprogramme handelt. Diese können nicht mit Investitionsvorhaben im klassischen Sinne verglichen werden, da sie i.d.R. der Unterstützung der Antragsteller bzw. bestimmter Projekte dienen, um politische

Zielsetzungen durchzusetzen. Hohe Investitionskosten würden also den grundsätzlichen Charakter von Förderprogrammen verfehlen.

Die geringe Abweichung der in Tabelle 5 (S. 53) dargestellten Ertragsdaten des Basisszenarios von den Hauptergebnissen der Forsteinrichtung ist mit der Methodik zu deren Herleitung (Kap. 5.4.1, S. 42) begründbar. Konkret lässt sie sich mit der Extrapolation der Basisdaten aus der Altersstufentabelle erklären, um die Werte gewichtet für die gesamte Holzbodenfläche herzuleiten.

Müsste sich der Betrieb für eines der beiden Förderprogramme entscheiden, so würde er sich betriebswirtschaftlich aus Gründen der höheren Rentabilität wahrscheinlich für das Programm des Freistaates entscheiden. Dieses ist jedoch mit höheren Aufwendungen und höherem Risiko aufgrund von schwer quantifizierbaren Aufwänden verbunden. Des Weiteren ist der betriebswirtschaftlich negative Einfluss des Programms des Freistaates auf die Holznutzung und den gesamtbetrieblichen Holzertrag (vgl. Kap. 6.5, 6.6) erheblich. Vor allem aus forstlich langfristiger Perspektive ist deshalb diesen forstnutzungstechnischen Risiken eine hohe Bedeutung beizumessen, da diese auf die Dauer der Standzeit der Habitatbäume bis zu deren Zersetzung bestehen. Die Risiken und Einschränkungen für den Betrieb aus nutzungstechnischer Sicht sind für die Durchführung des Programms „Klimaangepasstes Waldmanagement“ praktisch nicht existent (vgl. ebd.). Ein Vergleich der Attraktivität beider Programme ist aus diesen Gründen nicht einfach und bedarf der genauen Abwägung des Forstbetriebes.

7.3 Diskussion Auswirkungen der Szenarien bezüglich Klimaschutz

Zu Beginn der Diskussion der Ergebnisse hinsichtlich der Klimaschutzwirkungen der Szenarienbildung seien die Erläuterungen zum Berechnungstool des DFWR (DFWR, 2018) zitiert.

In die Berechnungen geht ausschließlich die Schicht Oberstand ein. Dies hat zur Folge, dass diejenige Klimaschutzleistung, die durch den Mittel- und Unterstand entsteht, keine Berücksichtigung findet. Da der Stadtwald das waldbauliche Ziel verfolgt, die Bestände vermehrt dauerwaldartig umzubauen und bereits knapp 50 % der Holzbodenfläche eine zweite Bestandesschicht besitzt (ROPTE, 2016, S. 6), ist dieser Aspekt sehr bedeutsam. Außerdem wird mit der Betrachtung von ausschließlich Derbholz[34] nur ein Teil der oberirdischen Biomasse berücksichtigt. Weiterhin in die

[34] Die Derbholzgrenze liegt bei 7 cm Durchmesser.

Berechnungen nicht integrierte Pools sind „die unterirdische Biomasse (Wurzeln), Totholz, Streu sowie Boden“ (DFWR, 2018). Fasst man dies zusammen, sind die mit dem DFWR-Rechner ermittelten Ergebnisse insofern zu interpretieren, als dass die Klimaschutzwirkung des Stadtwaldes Gera vermutlich unterschätzt wird. Auch eine Überschätzung wäre in den Fällen möglich, in denen ein Betrieb beispielsweise aufgrund von Störungen zur Kohlenstoffquelle wird.

Des Weiteren ist die Verwertbarkeit der Ergebnisse direkt von der Aktualität und Genauigkeit der Forsteinrichtung als deren Datenquelle abhängig. Hinsichtlich der Einschränkung der Exaktheit der Ergebnisse auch bedeutsam ist die Tatsache, dass einige Einflussfaktoren sich an Bundesdurchschnitten orientieren und betriebsindividuelle Daten, z.B. mittlere BHD oder die Sortimentsstruktur, nicht berücksichtigt werden.

In Kap. 5.4.3 (S. 44) wird eine „anteilige Kongruenz“ der Reduktion von Zuwachs und geplanter Nutzung um denselben Faktor angenommen, um den der Vorrat aufgrund der Habitatbaumauswahl reduziert wird. Diese Annahme müsste in einer weiteren Untersuchung verifiziert werden. Außerdem zur Methodik hinzuzufügen ist, dass bei der Reduktion der Ertragsparameter immer vom „Durchschnittsbaum“ ausgegangen wird. Die eventuell durch besondere Auswahlkriterien 5.2.2.2.1 (S. 36) bedingten Abweichungen vom durchschnittlichen Baum könnten sich auch verändernd auf die Ertragsparameter auswirken, was jedoch nicht einbezogen wird.

Dass der geringe Habitatbaum-Vorrat des Projektszenarios A keinen gesamtbetrieblich relevanten Einfluss auf die Ertragsdaten hat (vgl. Kap. 6.5, S. 52) und auch die Ergebnisse bezüglich Klimaschutz dementsprechend nicht beeinflusst werden, wurde an anderer Stelle bereits erwähnt. Neben der Ursache des besonders geringen Volumens ist eine Veränderung der Parameter Zuwachs und Nutzung mit folgender Begründung nicht relevant: Es werden nach der Methodik des Szenarios A ausschließlich ganz unterständige Individuen ausgewählt. Als Zuwachsträger sind diese zu vernachlässigen, da sie fast keine Dimensionierung erfahren (BACHMANN) und deren Nutzung wäre aufgrund der geringen Dimension (vgl. Kap. 6.1, S. 46) betriebswirtschaftlich nicht sinnvoll.

Die geringere Klimaschutzleistung des Beispielbetriebes gegenüber dem Bundesdurchschnitt (vgl. Tabelle 6, S. 55) ist abhängig von mehreren Faktoren. Insbesondere die unterschiedliche naturale Ausstattung (Baumarten, Ertragsklassen etc.) der Bezugsebenen könnte die Erklärung liefern. Dass die Ertragsdaten des Bundesdurchschnittes von jährlich ca. 11,2 Vfm Zuwachs und knapp 6,7 Efm Nutzung je

Hektar (SCHMITZ, 2016) die des Stadtwaldes Gera von rd. 6,7 Vfm Zuwachs und 3,8 Efm Nutzung (ROPTE, 2016) erheblich übersteigen, erklärt die höhere Klimaschutzleistung gegenüber dem Beispielbetrieb.

Die Auswirkungen der durch die Habitatbaum-Maßnahme des Szenarios B reduzierten Nutzungsmenge hinsichtlich der Kohlenstoffsenkenleistung sind in Tabelle 6 (S. 55) ersichtlich. Die reduzierte Holznutzung führt kurz- bis mittelfristig[35] zu einer Steigerung der Klimaschutzleistung durch die Durchführung des Programms. Während Substitutionseffekte und der Holzproduktespeicher durch die verminderte Nutzung abnehmen, verschieben sich diese anteilig zugunsten des Waldspeichers. Diese Verschiebung kann als vorratsaufbauend gewertet werden. Von dem Effekt jedoch abzuleiten, dass ein kompletter Nutzungsverzicht langfristig die Kohlenstoffsenkenleistung des Waldes optimiert, ist fraglich. KRUG (2010, S. 8) bewertet einen gänzlichen Bewirtschaftungsverzicht wie folgt. Die Einstellung einer nachhaltigen Forstwirtschaft z. B. zugunsten von Naturschutzzielen führe zu einer Reduktion der Substitutionseffekte und der Kohlenstoffspeicherung in Holzprodukten, wodurch indirekt zusätzliche Emissionen durch fossile Energieträger entstünden. Außerdem folge die Biomasseakkumulation (Waldspeicher) einer Sättigungsfunktion, „d.h. mit zunehmenden Bestandesalter sinkt die jährliche CO_2-Senkenleistung und geht in der Schlußwaldphase gegen Null“ (ebd.).

Der Effekt der Verbesserung der Senkenleistung durch einen Bewirtschaftungsverzicht ist also nur von kurz- bis mittelfristiger Dauer. Langfristig erscheint CO_2-Bindung in langlebigen Holzprodukten und damit die nachhaltige Holznutzung als besonders zielführend hinsichtlich des Klimaschutzes, da diese keiner Sättigung unterliegt.

---

[35] Diese Angabe bezieht sich auf die 10-jährige Periode der Forsteinrichtung als Datenbasis der Ergebnisse.

8 Zusammenfassung

Untersuchungsgegenstand ist das Förderprogramm der Bundesregierung „Klimaangepasstes Waldmanagement“. Dieses wird bezüglich des Kriteriums 2.2.8 „Habitatbaum“ aus verschiedenen Perspektiven analysiert. Die juristische Auslegung der Begrifflichkeiten der Förderrichtlinie (vgl. Kap. 5.1.1.2, S. 23) kommt zum Ergebnis, dass das Programm hinsichtlich seiner Umsetzung in der Praxis einen weiten Entscheidungspielraum einräumt. Sogenannte Habitatbaumanwärter sind Habitatbäumen nach der Richtlinie gleichgestellt. Ein Baum kann entsprechend dieser Gleichsetzung zumindest als Habitatbaumanwärter ausgewiesen werden, unabhängig von dessen Dimension oder Alter. Mit dieser Bedeutungsweite kann die Intention des Fördermittelgebers, wie sie in politisch formulierten Zielsetzungen ausgedrückt wurde, nicht immer in die tatsächliche Umsetzung transportiert werden. Auch im Vergleich mit einem Programm des Freistaates Thüringen, kann dieses Ergebnis bestätigt werden. Das Landesprogramm zeichnet sich in Unterschied zum Bundesprogramm durch weitaus spezifischere Vorgaben aus, die einen höheren Erreichungsgrad der weitgehend gleichlautenden politischer Ziele erreicht, wie sich im Folgenden noch zeigen wird. Die Hypothese, die sich aus diesem Ergebnis ergibt, wurde in Kap. 7.1 (S. 56) beschrieben: „Je präziser ein politisches Programm formuliert wird, desto mehr entspricht dessen tatsächliche Umsetzung und Zielerreichung in der Praxis den anfänglich gestellten Programmzielen“. Ob diese jedoch abweichend vom Untersuchungsgegenstand auf andere Programme übertragen werden kann, bietet einen Forschungsansatz für weitere Untersuchungen.

Mit der Szenarienbildung auf Grundlage der Zwischenergebnisse der juristischen Auslegung soll die Attraktivität des untersuchten Programms in Bezug auf die äußeren Rahmenbedingungen des Stadtwaldes Gera bewertet werden. Der Vergleich mit dem Thüringer Programm „Förderung forstwirtschaftlicher Maßnahmen“ soll diese Bewertung erleichtern. Ein Teilergebnis der durchgeführten Projektszenarien auf Vergleichsebene ist beispielsweise der geringe Einfluss des Bundesprogramms auf gesamtbetriebliche Ertragsparameter. Das bedeutet, dass im durchgeführten Projektdesign nahezu keine Beeinträchtigung der Holznutzung im Zuge der Habitatbaum-Maßnahme zu erwarten ist. Das Projektdesign liefert dementsprechend Ansätze einer möglichst betriebswirtschaftlichen Programmumsetzung für die forstbetriebliche Praxis.

Folgende Hypothese wird zu Beginn der Untersuchungen formuliert:

„Die Teilnahme am Bundesprogramm kann als attraktiv angesehen werden, wenn die Höhe der Zuwendung die durch Managementmaßnahmen entstehenden Mehraufwendungen und Mindererlöse übersteigt."

Diese Hypothese konnte verifiziert werden. Die Grundlage für diese Beurteilung liefern die Ergebnisse des Szenarienvergleichs (vgl. Kap. 6.5, S. 52). Gegenüber des Szenarios 0 einer „Tradierten Forstwirtschaft" im Nicht-Staatswald mit starker Berücksichtigung der Schutzfunktion bewirkt die Teilnahme am Programm ein deutlich positiveres Betriebsergebnis, d.h. mit zusätzlichem Gewinn ist zu rechnen. Die Höhe der Zuwendung übersteigt dabei die modellierten durch Managementmaßnahmen entstehenden Mehraufwendungen und Mindererlöse. Wie im vorherigen Absatz geklärt entstehen Mindererlöse der Holznutzung in keinem relevanten Ausmaß durch die Ausweisung von Habitatbäumen.

Zur Interpretation der Attraktivität muss jedoch beachtet werden, dass sich die Ergebnisse auf die Rahmenbedingungen des Beispielbetriebes und des Projektdesigns beziehen. Die genaue Abwägung der Teilnahme obliegt letztendlich jedem Forstbetrieb selbst. Als Projektdesign wurde der juristisch vertretbare Rahmen einer möglichst hohen Wirtschaftlichkeit ausgereizt. Des Weiteren zeigt der Vergleich mit dem Thüringer Programm auf, dass für den Stadtwald Gera eine deutlich rentablere Alternative zum Bundesprogramm existiert. Diese birgt jedoch ein höheres Betriebsrisiko und die Holznutzung wird erheblich mehr beeinträchtigt.

Hinsichtlich des Programmzieles eines „Beitrag[es] zum Klimaschutz" (BMEL, 2022 a, S. 1) wurde zu Beginn die Hypothese formuliert:

„Das Programm des Bundes kann in Bezug auf das Ziel „Klimaschutz" als erfolgreich betrachtet werden, wenn durch dessen Umsetzung die Kohlenstoff-Senkenleistung auf der Fläche mittelfristig gesteigert wird".

Diese Hypothese wurde hinsichtlich des Zieles „Klimaschutz" und bezogen auf das Habitatbaumkriterium im vorliegenden Projektdesign falsifiziert. Die Berechnungen des DFWR-Klimarechners kommen zum Ergebnis 6.6 (S. 54), dass die Umsetzung des Kriteriums 2.2.8 des Förderprogramms keinerlei Einfluss auf die Kohlenstoffsenkenleistung des Betriebes nimmt. Die Klimaschutzleistung bleibt auf Betriebsebene durch die Umsetzung des Programms unverändert zur Nullvariante. Der Programmvergleich zeigt, dass das Habitatbaumprogramm des Freistaats Thüringen die Zielsetzung „Klimaschutz" deutlich besser umsetzt, da die Senkenleistung zumindest mittelfristig durch die Habitatbaum-Maßnahme gesteigert werden kann. Anzubringen ist jedoch, dass die Funktion und auch das politische Ziel von Habitatbäumen eher dem Politikfeld Biodiversität als dem Klimaschutz zuzuordnen ist. Ob die weiteren Kriterien des Bundesprogramms hinsichtlich der Kohlenstoffsenkenleistung eine höhere Zielerreichung aufweisen, bleibt zu untersuchen.

Weiterer Forschungsbedarf besteht zudem im Vergleich beider Politikprogramme hinsichtlich der Untersuchung des Habitatbaum-Kriteriums auf das Ziel der „Verbesserung der biologischen Vielfalt“ (BMEL, 2022 a). Erste Ansätze in der aktuellen Untersuchung liefert die juristische Auslegung. Das Thüringer Programm scheint im Vergleich die naturschutzfachlich wertvolleren Ergebnisse zu erzielen. Dies genauer zu untersuchen, könnte Bestsandteil weiteren Forschungsarbeit sein.

Um das Programm abschließend und ganzheitlich zu evaluieren, müssten schließlich alle weiteren 11 Kriterien des Zuwendungsgegenstandes betrachtet werden. Dafür kann das hier gewählte Untersuchungsdesign in methodischer Hinsicht als geeignet empfohlen werden.

9 Literaturverzeichnis

© 2023 Öko-Institut e.V. (kein Datum). Abgerufen am 13. 01. 2023 von https://www.oeko.de/: https://www.oeko.de/forschung-beratung/themen/umweltpolitik-und-umweltrecht/governance-umweltpolitik-auf-dem-pruefstand

© PEFC Deutschland. (24. 11. 2020). PEFC D 1002-1:2020 . PEFC-Standards für nachhaltige Waldbewirtschaftung. Normatives Dokument. Deutscher PEFC-Standard. veröff. 01.12.2020. inkrafttr. 01.01.2021. Deutscher Forst-Zertifizierungsrat.

BACHMANN, P. (kein Datum). Bestandeswachstum. *Professur Forsteinrichtung und Waldwachstum ETH Zürich*. Abgerufen am 18. 02. 2023 von https://www.wsl.ch/forest/waldman/vorlesung/ww_tk4.pdf

BMEL. (Jan. 2017). Buchführung der Testbetriebe (Forstwirtschaft). Ausführungsanweisung zum Erhebungsbogen für Forstbetriebe (gültig ab FWJ 2016). Abgerufen am 30. 01. 2023 von https://www.bmel-statistik.de/fileadmin/daten/BFB-0113005-2016.pdf

BMEL. (11. 11. 2022 a). Richtlinie für Zuwendungen zu einem klimaangepassten Waldmanagement vom 28. Oktober 2022. (B. d. Justiz, Hrsg.) Berlin: Bundesanzeiger.

BMEL. (2022 b). BMEL-Förderprogramm "Klimaangepasstes Waldmanagement", Pressemitteilung Nr. 149/2022. *(149)*. Berlin.

BMEL. (2022 c). Wald-Klima-Paket: Förderung beantragen ab dem 12. November, Pressemitteilung Nr. 155/2022 vom 08. November 2022. Abgerufen am 16.. 01. 2023 von https://www.bmel.de/SharedDocs/Pressemitteilungen/DE/2022/155-wald-klima-paket.html

BMEL. (kein Datum). Buchführungsergebnisse Forstwirtschaft. Jahre 2007-2013, 2017. Körperschaftswaldbetriebe nach Größenklassen der Holzbodenfläche. *aus dem Archiv der Buchführungsergebnisse des Testbetriebsnetzes Forst*. Abgerufen am 31. 01. 2023 von https://www.bmel-statistik.de/landwirtschaft/testbetriebsnetz/testbetriebsnetz-forst-buchfuehrungsergebnisse/archiv-buchfuehrungsergebnisse-forstwirtschaft

Bundestag. (2021). Konzept für das neue Förderinstrument. Honorierung der Ökosystemleistung des Waldes und von klimaangepasstem Waldmanagement. zur Vorlage beim Haushaltsauschuss des Deutschen Bundestages. *Sondervermögen Energie- und Klimafonds – Titel 6092/686 30 (Honorierung der Ökosystemleistung des Waldes und von klimaangepasstem Waldmanagement)*. Abgerufen am 01. 02. 2023 von https://www.gstb-rlp.de/gstbrp/Schwerpunkte/Wald%20im%20Klimastress/Konzept%20Finanzierung%20Klima+Biodiversita%CC%88t%20Wald%20fu%CC%88r%20HH-Ausschuss.pdf

Bundeswaldgesetz vom 2. Mai 1975 (BGBl. I S. 1037), das zuletzt durch Artikel 112 des Gesetzes vom 10. August 2021 (BGBl. I S. 3436) geändert worden ist. (1975).

BÜTIKOFER, J. (10/ 2016). Inwertsetzung von Biotopbäumen. Merkblatt für Waldeigentümerinnen und Waldeigentümer. *WaldSchweiz - Verband der Schweizer Waldeigentümer*. Solothurn. Abgerufen am 07. 02. 2023 von https://kbnl.ch/wp-content/uploads/2019/02/22_7_WaldSchweiz-2016.pdf

DFWR. (21. 06. 2018). Klimarechner DFWR. Abgerufen am 21. 02. 2023 von https://www.dfwr.de/download/dfwr-klimarechner-zur-klimaschutzleistung-von-forstbetrieben/

Duden. (kein Datum). Abgerufen am 02. 02. 2023 von https://www.duden.de/rechtschreibung/Baum

Duden. (kein Datum). Abgerufen am 03.. 02. 2023 von https://www.duden.de/rechtschreibung/bizarr

EBERL, J. (2020). Walderhaltung- und Waldmehrungspolitik. *Kohärenz der Programmgestaltung eines Politikfeldes, Band 7 - Wald in Raum und Öffentlichkeit(1. Auflage)*. Göttingen: BoD - Books on Demand, Norderstedt.

EBERL, J. (et al. 2021). The Policy Coherence Framework Approach in a Multi-Level Analysis of European, German and Thuringian Climate Policy with a Special Focus on Land Use, Land-Use Change and Forestry (LULUCF). 415–424. (World, Hrsg.) Von https://doi.org/10.3390/world2030026 abgerufen

Europäische Kommission. (2013). Verordnung (EU) Nr. 1407/2013 der Kommission vom 18. Dezember 2013 über die Anwendung der Artikel 107 und 108 des Vertrags über die Arbeitsweise der EU auf De-minimis-Beihilfen (ABl. L 352 vom 24.12.2013). *geänd. durch die Verordung (EU) 2020/972 (ABl. L 215 vom 07.07.2020).*

FH Erfurt. (2015). Richtlinien zur Gestaltung wissenschaftlicher Arbeiten in den Studiengängen der Fakultät Landschaftsarchitektur, Gartenbau und Forst. *(6. überarbeitete Auflage)*. (G. u. Fakultat Landschaftsarchitektur, Hrsg.) Erfurt: Eigenverlag Fachhochschule Erfurt Fakultät Landschaftsarchitektur, Gartenbau und Forst.

FSC Deutschland. (04. 02. 2020). Deutscher FSC®-Standart 3-0. FSC Deutschland – Verein für verantwortungsvolle Waldwirtschaft e.V.(Hrsg.). *Version 3-0, vom FSC anerkannt am 17.4.2018, gültig ab 1.6.2018.(3. Aufl.).*

GROßE WIENKER, F. (2021). Ab dem 1. Januar 2021 geänderter Stundensatz für Beförsterungsdienstleistungen in der Direkten Förderung. *Wald und Holz NRW.* Abgerufen am 19. 02. 2023 von https://www.wald-und-holz.nrw.de/waldblatt/ueberregional/2103-geaenderter-stundensatz-befoersterungsdienstleistung

Grube KG. (2023). Distein Langzeitfarbe Ergonom für Z-Bäume und Rückegassen. (Distein, Hrsg.) Abgerufen am 19. 02. 2023 von https://www.grube.de/p/distein-langzeitfarbe-ergonom-fuer-z-baeume-und-rueckegassen/P34-096/#itemId=34-096BL

HUSS, J. (2014). Schreiben und Präsentieren in den angewandten Naturwissenschaften - Ein Leitfaden. Freiburg: Verlag Kessel.

KROIHER, F. (et al. 2017). Methode zur Erfassung und Bewertung der FFH-Waldlebensraumtypen im Rahmen der dritten Bundeswaldinventur (BWI-2012). *Thünen Working Paper 69*. Eberswalde.

KRUG, J. (et al. 2010). Potenziale zur Vermeidung von Emissionen sowie der zusätzlichen Sequestrierung im Wald und daraus resultierenden Fördermaßnahmen. *Studie im Auftrag des Bundesministeriums für Erährung, Landwirtschaft und Verbraucherschutz, Nr. 2011/03*. (I. Thünen, Hrsg.)

Landesregierung Brandenburg. (2023). Dienstleistungen für den Wald. Abgerufen am 19. 02. 2023 von https://forst.brandenburg.de/lfb/de/themen/wald-besitzen/dienstleistungen/#

LARENZ, K. (1995). *& CANARIS, C. Methodenlehre der Rechtswissenschaft* (3. Auflage Ausg.). München: Springer-Verlag.

lexicon-silvestre. (kein Datum). Wörterbuch des Forstwesens - Deutsche Sprachversion. Abgerufen am 27. 02. 2023 von https://lexicon-silvestre.de/ls_de.pdf

LUYSSAERT, S. (et al. 2010). The European carbon balance. Part 3: forests. Glob Change Biol.

MÖHRING & v. HATZFELDT. (2021). Forstwirtschaft im (Klima-) Wandel. Möhring, B. & Graf v. Hatzfeld, N. *AFZ DerWALD*(23/2021).

PAPE, U. (15. 02. 2018). Investitionsrechnung. *Gabler Wirtschaftslexikon © Springer Fachmedien Wiesbaden GmbH*. Abgerufen am 21. 02. 2023 von https://wirtschaftslexikon.gabler.de/definition/investitionsrechnung-41465/version-264829

PEFC Deutschland e.V. (23. 11. 2022). Gebührenordnung Fördermodul. *Verfahrensanweisung PEFC D 4003-2:2022*.

PEFC Deutschland eV. (21. 03. 2017). Siegel-Check mit dem Waldzertifizierer: Der NDR berichtet über ein PEFC-Audit in Schleswig-Holstein. Schleswig-Holstein-Magazin. Abgerufen am 19. 02. 2023 von https://www.pefc.de/waldbesitzende/ablauf-der-waldzertifizierung/waldaudit/

PEFC Deutschland eV. (23. 11. 2022). Anforderungen an Stellen, die Audits im Rahmen des Fördermoduls durchführen. *PEFC D 1003-4:2022*. Abgerufen am 19. 02. 2023 von https://www.pefc.de/media/filer_public/61/58/6158fb18-5cc6-4ebc-8432-f74f74828b67/pefc-fordermodul_pefc_d_1003-4_fomo_anforderungen_zertifizierer.pdf

PEFC Deutschland eV. (2023). Abgerufen am 23. 02. 2023 von https://www.pefc.de/

PRELLER, J. (25. 01. 2017). (Landesbetrieb Wald und Holz NRW) Abgerufen am 17. 01. 2023 von https://www.waldwissen.net/: https://www.waldwissen.net/de/lebensraum-wald/baeume-und-waldpflanzen/hexenbesen-auf-baeumen

ROPTE, T. (01. 01. 2016). Schriftsatz des Forsteinrichtungswerkes des Stadtwaldes Gera. (P. Götze, Hrsg.) FFK Gotha, Referat Inventur und Planung.

SCHLUHE, M. et al. (2018). Klimarechner zur Quantifizierung der Klimaschutzleistung von Forstbetrieben auf Grundlage von Forsteinrichtungsdaten. Abgerufen am 21. 02. 2023 von https://www.dfwr.de/download/dfwr-klimarechner-zur-klimaschutzleistung-von-forstbetrieben/

SCHMITZ, F. (2016). Ergebnisse der Bundeswaldinventur 2012. 277. (BMEL, Hrsg.) Berlin: Druck- und Verlagshaus Zarbock GmbH & Co. KG, Frankfurt am Main.

ThüringenForst AöR. (2022). Preisuntergrenzen ab 01. Januar 2022. Abgerufen am 20. 02. 2023 von https://moodle.fh-erfurt.de/mod/folder/view.php?id=182845

ThüringenForst AöR. FFK. (01. 01. 2016). Flächenverzeichnis. Forstamt 08 Weida, 09 Jena-Holzland. Revier 11, 12; 08. Waldbesitzer Stadt Gera. *Forstliches Forschungs- und Kompetenzzentrum.*

ThüringenForst AöR. (kein Datum). Testbetriebsnetz Forst/Kommunalwald. *(Jahre 2004 - 2013, 2017).*

TLGB. (2023). © GDI-Th Freistaat Thüringen. *Geoproxy. Thüringer Landesamt für Bodenmanagement und Geoinformation.* Abgerufen am 11. 02. 2023 von http://www.geoproxy.geoportal-th.de/geoclient/start_geoproxy.jsp

TMIL. (17. 11. 2020). Thüringer Richtlinie zur Förderung forstwirtschaftlicher Maßnahmen - konsolidierte Fassung - veröffentlicht am 04.01.2021 im ThürStAnz Nr. 1/2021 S. 27 - 53; geändert durch VV vom 08.03.2022, veröffentlicht am 04.04.2022 im ThürStAnz Nr. 14/2022 S. 464. Erfurt.

TU Berlin. (02. 02. 2023). Von https://naturschutz-und-denkmalpflege.projekte.tu-berlin.de/pages/leitfaden-biotopholz/altbaeume-als-lebensraum/lebensphasen.php abgerufen

Umweltbundesamt. (2023). Glossar. (BMUV, Hrsg.) Abgerufen am 21. 02. 2023 von https://www.umweltbundesamt.de/service/glossary/c

Wald und Holz NRW. (28. 10. 2016). Arbeitshilfe zur Biotopbaumkartierung. *Landesbetrieb Wald und Holz Nordrhein-Westfalen, SPA Waldnaturschutz.* Gelsenkirchen. Abgerufen am 03. 02. 2023 von https://www.wald-und-holz.nrw.de/fileadmin/Naturschutz/Dokumente/Arbeitshilfe_zur_Biotopbaumkartierung_16_11_02.pdf

WBW. (2021). Die Anpassung von Wäldern und Waldwirtschaft an den Klimawandel. *Wissenschaftlicher Beirat für Waldpolitik*, 192. (W. B. BMEL, Hrsg.) Berlin.

WSL. (kein Datum). (Eidgenössische Forschungsanstalt für Wald, Schnee und Landschaft (WSL)) Abgerufen am 03. 02. 2023 von https://www.waldwissen.net/de/lebensraum-wald/naturschutz/biotopbaeume

10 Anhang

Anhang 1.1 Richtlinie für Zuwendungen zu einem Klimaangepassten Waldmanagement (BMEL, 2022 a, S. 1)

Bekanntmachung
Veröffentlicht am Freitag, 11. November 2022
BAnz AT 11.11.2022 B1
Seite 1 von 11

Bundesministerium für Ernährung und Landwirtschaft

Bekanntmachung der Richtlinie für Zuwendungen zu einem klimaangepassten Waldmanagement

Vom 28. Oktober 2022

Präambel

Klimaschutz und Anpassung der Wälder an den Klimawandel sind eine nationale Aufgabe von gesamtgesellschaftlichem Interesse. Dem Erhalt der Wälder als wichtige Kohlenstoffspeicher und der nachhaltigen Waldbewirtschaftung kommen hierbei eine besondere Bedeutung zu. Zweck der Zuwendung sind der Erhalt, die Entwicklung und die Bewirtschaftung von Wäldern, die an den Klimawandel angepasst (klimaresilient) sind. Nur klimaresiliente Wälder sind dauerhaft in der Lage, neben der Kohlenstoff-Bindung in Wäldern und Holz auch die anderen Ökosystemleistungen (z. B. Schutz der Biodiversität, Erholung der Bevölkerung, Erbringung von weiteren Gemeinwohlleistungen sowie die Rohholzbereitstellung) zu erfüllen.

Das Ziel, Waldökosysteme in ihrer Resilienz und Anpassungsfähigkeit zu stärken, kann nur erreicht werden, wenn Waldbesitzende ihre Verantwortung der Entwicklung ihrer Wälder hin zu mehr Resilienz im Rahmen der nachhaltigen Waldbewirtschaftung wahrnehmen. Dieses zielgerichtete Management zur Existenzsicherung des Waldes geht über die gesetzlichen Verpflichtungen hinaus.

1 Zweck der Zuwendung, Rechtsgrundlage

1.1 Zweck der Zuwendung ist die Änderung der Waldbewirtschaftung durch Einführung und Verbreitung eines in besonderem Maße an den Klimawandel angepassten Waldmanagements, welches resiliente, anpassungsfähige und produktive Wälder erhält und entwickelt. Das klimaangepasste Waldmanagement trägt zur Verbesserung der biologischen Vielfalt bei und leistet einen Beitrag zum Klimaschutz sowie zu anderen Ökosystemleistungen.

1.2 Der Bund gewährt auf der Grundlage und nach Maßgabe dieser Richtlinie sowie nach Maßgabe der §§ 23 und 44 der Bundeshaushaltsordnung (BHO) und der dazu erlassenen Verwaltungsvorschriften waldflächenbezogene Zuwendungen.

1.3 Ein Anspruch auf Gewährung der Zuwendung besteht nicht. Vielmehr entscheidet die Bewilligungsstelle aufgrund ihres pflichtgemäßen Ermessens im Rahmen der verfügbaren Haushaltsmittel.

2 Gegenstand der Zuwendung

2.1 Gegenstand der Zuwendung ist die nachgewiesene Einhaltung von übergesetzlichen und über derzeit bestehende Zertifizierungen hinausgehenden Kriterien für ein klimaangepasstes Waldmanagement, mit dem Ziel, Wälder mit ihrem wertvollen Kohlenstoffspeicher zu erhalten, nachhaltig und naturnah zu bewirtschaften und an die Folgen des Klimawandels stärker anzupassen. Dabei ist für die Resilienz der Wälder und ihrer Klimaschutzleistung als Grundvoraussetzung auch ihre Biodiversität zu erhöhen. Ebenso dazu gehören auch die Planung und die Vorbereitung des klimaangepassten Waldmanagements.

2.2 Ein klimaangepasstes Waldmanagement umfasst die folgenden Kriterien:

2.2.1 Verjüngung des Vorbestandes (Vorausverjüngung) durch künstliche Verjüngung (Vorausverjüngung durch Voranbau) oder Naturverjüngung mit mindestens fünf- oder mindestens siebenjährigem Verjüngungszeitraum vor Nutzung bzw. Ernte des Bestandes in Abhängigkeit vom Ausgangs- und Zielbestand.

2.2.2 Die Naturverjüngung hat Vorrang, sofern klimaresiliente, überwiegend standortheimische Hauptbaumarten in der Fläche auf natürlichem Wege eingetragen werden und anwachsen.

2.2.3 Bei künstlicher Verjüngung sind die zum Zeitpunkt der Verjüngung geltenden Baumartenempfehlungen der Länder oder, soweit solche nicht vorhanden sind, der in der jeweiligen Region zuständigen Forstlichen Landesanstalt einzuhalten. Dabei ist ein überwiegend standortheimischer Baumartenanteil einzuhalten.

2.2.4 Zulassen von Stadien der natürlichen Waldentwicklung (Sukzessionsstadien) insbesondere aus Pionierbaumarten (Vorwäldern) bei kleinflächigen Störungen.

2.2.5 Erhalt oder, falls erforderlich, Erweiterung der klimaresilienten, standortheimischen Baumartendiversität, z. B. durch Einbringung von Mischbaumarten über geeignete Mischungsformen.

2.2.6 Verzicht auf Kahlschläge. Das Fällen von absterbenden oder toten Bäumen oder Baumgruppen außerhalb der planmäßigen Nutzung (Sanitärhiebe) bei Kalamitäten ist möglich, sofern dabei mindestens 10 Prozent der Derbholzmasse als Totholz zur Erhöhung der Biodiversität auf der jeweiligen Fläche belassen werden.

Anhang 1.2 Richtlinie für Zuwendungen zu einem Klimaangepassten Waldmanagement (BMEL, 2022 a, S. 2)

Bundesanzeiger
Herausgegeben vom Bundesministerium der Justiz
www.bundesanzeiger.de

Bekanntmachung
Veröffentlicht am Freitag, 11. November 2022
BAnz AT 11.11.2022 B1
Seite 2 von 11

2.2.7 Anreicherung und Erhöhung der Diversität an Totholz sowohl stehend wie liegend und in unterschiedlichen Dimensionen und Zersetzungsgraden; dazu zählt auch das gezielte Anlegen von Hochstümpfen.

2.2.8 Kennzeichnung und Erhalt von mindestens fünf Habitatbäumen oder Habitatbaumanwärtern pro Hektar, welche zur Zersetzung auf der Fläche verbleiben. Die Habitatbäume oder die Habitatbaumanwärter sind spätestens zwei Jahre nach Antragstellung nachweislich auszuweisen. Wenn und soweit eine Verteilung von fünf Habitatbäumen oder Habitatbaumanwärtern pro Hektar nicht möglich ist, können diese entsprechend anteilig auf die gesamte Waldfläche des Antragstellers verteilt werden.

2.2.9 Bei Neuanlage von Rückegassen müssen die Abstände zwischen ihnen mindestens 30 Meter, bei verdichtungsempfindlichen Böden mindestens 40 Meter betragen.

2.2.10 Verzicht auf Düngung und Pflanzenschutzmittel. Dies gilt nicht, wenn die Behandlung von gestapeltem Rundholz (Polter) bei schwerwiegender Gefährdung der verbleibenden Bestockung oder bei akuter Gefahr der Entwertung des liegenden Holzes erforderlich ist.

2.2.11 Maßnahmen zur Wasserrückhaltung, einschließlich des Verzichts auf Maßnahmen zur Entwässerung von Beständen und Rückbau existierender Entwässerungsinfrastruktur, bis spätestens fünf Jahre nach Antragstellung, falls übergeordnete Gründe vor Ort dem nicht entgegenstehen.

2.2.12 Natürliche Waldentwicklung auf 5 Prozent der Waldfläche. Obligatorische Maßnahme, wenn die Waldfläche des Antragstellers 100 Hektar überschreitet. Freiwillige Maßnahme für Antragsteller, deren Waldfläche 100 Hektar oder weniger beträgt. Die auszuweisende Fläche beträgt dabei mindestens 0,3 Hektar und ist 20 Jahre aus der Nutzung zu nehmen. Naturschutzfachlich notwendige Pflege- oder Erhaltungsmaßnahmen oder Maßnahmen der Verkehrssicherung gelten nicht als Nutzung. Bei Verkehrssicherungsmaßnahmen anfallendes Holz verbleibt im Wald.

2.3 Soweit der Einhaltung eines in Nummer 2.2 aufgeführten Kriteriums eine rechtliche Regelung oder auf Grund einer solchen Regelung erlassene Anordnung oder Maßnahme entgegensteht, was vom Antragsteller bzw. vom Zuwendungsempfänger gegenüber der Fachagentur Nachwachsende Rohstoffe e. V. (FNR) nachzuweisen ist, ist das Kriterium nicht anzuwenden.

2.4 Verbindliche fachliche Erläuterungen zu in Nummer 2.2 aufgeführten Kriterien ergeben sich aus der Anlage.

3 Empfänger der Zuwendung

3.1 Zuwendungsempfänger kann eine natürliche oder juristische Person des Privat- oder öffentlichen Rechts, einschließlich Forstbetriebsgemeinschaft, sein, die rechtmäßig eine Waldfläche im Sinne des § 2 des Bundeswaldgesetzes, ausgenommen Weihnachtsbaum- und Schmuckreisigkulturen, bewirtschaftet, die auf dem Gebiet der Bundesrepublik Deutschland belegen ist.

3.2 Als Zuwendungsempfänger ausgeschlossen sind:

3.2.1 Bund und Länder sowie juristische Personen, deren Kapitalvermögen sich zu mindestens 25 Prozent in den Händen des Bundes oder der Länder befindet, sowie Stiftungen des Privatrechts oder des öffentlichen Rechts, die jeweils zu mindestens 25 Prozent durch Kapital von Bund oder Ländern errichtet wurden.

3.2.2 Unternehmen in Schwierigkeiten im Sinne von Artikel 2 Nummer 14 der Verordnung (EU) Nr. 702/2014[1].

3.2.3 Antragsteller, über deren Vermögen ein Insolvenzverfahren beantragt oder eröffnet worden ist.

3.2.4 Antragsteller, die zur Abgabe der Vermögensauskunft nach § 802c der Zivilprozessordnung oder § 284 der Abgabenordnung (AO) verpflichtet sind oder bei denen diese abgenommen wurde. Handelt es sich bei dem Antragsteller um eine durch einen gesetzlichen Vertreter vertretene juristische Person, gilt dies, sofern den gesetzlichen Vertreter aufgrund seiner Verpflichtung als gesetzlicher Vertreter der juristischen Person die entsprechenden Verpflichtungen aus § 802c der Zivilprozessordnung oder § 284 AO treffen.

3.2.5 Antragsteller, die einer Rückforderungsanordnung aufgrund einer früheren Entscheidung der Europäischen Kommission zur Feststellung der Rechtswidrigkeit und Unvereinbarkeit einer Beihilfe mit dem Binnenmarkt nicht Folge geleistet haben.

4 Zuwendungsvoraussetzungen

4.1 Voraussetzung für die Gewährung der Zuwendung sind:

4.1.1 Nachweis, aus dem sich ergibt, dass der Antragsteller eine in der Bundesrepublik Deutschland belegene Waldfläche im Sinne des § 2 des Bundeswaldgesetzes bewirtschaftet.

4.1.2 Nachweis des klimaangepassten Waldmanagements nach den in Nummer 2.2 festgelegten Kriterien auf einer Waldfläche nach Nummer 4.1.1 in dem in Nummer 6.3 festgelegten Zeitraum.

4.1.2.1 Antragsteller, deren Waldfläche nach dem Programme for the Endorsement of Forest Certification Schemes Deutschland (PEFC) zertifiziert ist, weisen die Einhaltung der in Nummer 2.2 festlegten Kriterien durch ein PEFC-Zusatzmodul nach.

[1] Verordnung (EU) Nr. 702/2014 der Kommission vom 25. Juni 2014 zur Feststellung der Vereinbarkeit bestimmter Arten von Beihilfen im Agrar- und Forstsektor und in ländlichen Gebieten mit dem Binnenmarkt in Anwendung der Artikel 107 und 108 des Vertrags über die Arbeitsweise der Europäischen Union (ABl. L 193 vom 1.7.2014, S. 1), die zuletzt durch die Verordnung (EU) 2020/2008 (ABl. L 414 vom 9.12.2020, S. 15) geändert worden ist

Anhang 1.3 Richtlinie für Zuwendungen zu einem Klimaangepassten Waldmanagement (BMEL, 2022 a, S. 3)

Bundesanzeiger
Herausgegeben vom
Bundesministerium der Justiz
www.bundesanzeiger.de

Bekanntmachung
Veröffentlicht am Freitag, 11. November 2022
BAnz AT 11.11.2022 B1
Seite 3 von 11

4.1.2.2 Antragsteller, deren Waldfläche nach

4.1.2.2.1 dem Forest Stewardship Council Deutschland (FSC),

4.1.2.2.2 den Naturland Richtlinien zur Ökologischen Waldnutzung (Naturland) oder

4.1.2.2.3 einem dem Zertifikat nach Nummer 4.1.2.1 oder einem des in Nummer 4.1.2.2.1 oder Nummer 4.1.2.2.2 genannten Zertifikats vergleichbaren Zertifikat

zertifiziert ist, weisen die Einhaltung der unter Nummer 2.2 festgelegten Kriterien durch eine entsprechende Bescheinigung des jeweiligen Zertifizierungsgebers nach.

4.1.3 Anerkennung des PEFC-Zusatzmoduls nach Nummer 4.1.2.1 und der jeweiligen entsprechenden Bescheinigung nach Nummer 4.1.2.2 durch das Bundesministerium für Ernährung und Landwirtschaft vor deren Verwendung im Rahmen dieser Richtlinie durch die jeweils ausgebende Stelle. Im Rahmen der Anerkennung ist auch zu prüfen, welche Kontrollmechanismen zur Einhaltung der Kriterien im PEFC-Zusatzmodul nach Nummer 4.1.2.1 und der jeweiligen entsprechenden Bescheinigung nach Nummer 4.1.2.2 vorgesehen sind.

4.2 Eine Zuwendung wird nur gewährt, wenn der Antrag auf Zuwendung sich auf die gesamte, vom Antragsteller in der Bundesrepublik Deutschland bewirtschaftete Waldfläche bezieht.

5 Art und Höhe der Zuwendung

5.1 Die Zuwendung wird als Festbetragsfinanzierung in Form eines Zuschusses gewährt.

5.2 Bemessungsgrundlage für die Zuwendung ist die Waldfläche, für die der Antragsteller den Nachweis des klimaangepassten Waldmanagements gemäß den in Nummer 2.2 festgelegten Kriterien erbracht hat. Wenn und soweit die nach den Nummern 4.1.1 und 4.1.2 nachgewiesenen Flächen im Umfang voneinander abweichen, ist der Nachweis mit dem geringeren Umfang Bemessungsgrundlage.

5.3 Folgende Waldflächen sind nicht zuwendungsfähig und werden von der Bemessungsgrundlage abgezogen:

5.3.1 Waldflächen, auf denen Ausgleichs- und Ersatzmaßnahmen im Rahmen eines Ökopunkteprogrammes vorgenommen werden.

5.3.2 Waldflächen, auf denen die Bewirtschaftung aufgrund rechtlicher Vorschriften dauerhaft untersagt ist.

5.3.3 Waldflächen, die dem Zuwendungsempfänger zum Zwecke des Naturschutzes unentgeltlich übertragen worden sind.

5.3.4 Waldflächen, auf denen eine natürliche Waldentwicklung bereits mit Mitteln anderer öffentlicher Förderprogramme gefördert wird, in den Fällen, in denen die nach Nummer 2.2.12 zu erbringende Fläche mit natürlicher Waldentwicklung vollumfänglich zusätzlich erbracht wird.

5.4 Die Höhe der Zuwendung beträgt:

5.4.1 85 Euro pro Hektar und Jahr für Antragsteller, die die Kriterien nach den Nummern 2.2.1 bis 2.2.11 einhalten.

5.4.2 für Antragsteller, die die Kriterien nach den Nummern 2.2.1 bis 2.2.12 einhalten:

5.4.2.1 100 Euro pro Hektar und Jahr für den ersten Hektar bis zum fünfhundertsten Hektar.

5.4.2.2 80 Euro pro Hektar und Jahr ab dem fünfhundertersten Hektar bis zum tausendsten Hektar.

5.4.2.3 55 Euro pro Hektar und Jahr ab dem tausendersten Hektar.

5.4.3 100 Euro pro Hektar und Jahr im zweiten Teil der Bindefrist (Jahre elf bis zwanzig) für Antragsteller, die das Kriterium nach Nummer 2.2.12 einhalten, für den Prozentsatz der Waldfläche, die bereits im ersten Teil der Bindefrist der natürlichen Waldentwicklung nach Nummer 2.2.12 zugeführt worden ist. Nummer 7.2 ist nicht anzuwenden.

5.5 In folgenden Fällen wird die Höhe der Zuwendung gekürzt:

5.5.1 Mischungsregulierung zum Erhalt der Baumartendiversität: Bei Antragstellern, denen für von eine von ihnen bewirtschaftete Waldfläche eine Förderung mit Mitteln anderer öffentlicher Förderprogramme für die Maßnahme „Mischungsregulierung im Rahmen einer Jungbestandspflege" bewilligt wurde, wird die Zuwendung nach den Nummern 5.4.1, 5.4.2.1 und 5.4.2.2 auf der jeweiligen Fläche um 16 Euro pro Hektar und Jahr gekürzt.

5.5.2 Totholz: Bei Antragstellern, denen für von eine von ihnen bewirtschaftete Waldfläche eine Förderung mit Mitteln anderer öffentlicher Förderprogramme für die Maßnahme „Erhalt von Totholz" bewilligt wurde, wird die Zuwendung nach den Nummern 5.4.1, 5.4.2.1 und 5.4.2.2 auf der jeweiligen Fläche um 25 Euro je Hektar und Jahr gekürzt.

5.5.3 Habitatbäume: Bei Antragstellern, denen für von eine von ihnen bewirtschaftete Waldfläche eine Förderung mit Mitteln anderer öffentlicher Förderprogramme für die Maßnahme „Erhalt von Biotop-/Habitatbäumen" bewilligt wurde, wird die Zuwendung nach den Nummern 5.4.1, 5.4.2.1 und 5.4.2.2 auf der jeweiligen Fläche um 18 Euro je Hektar und Jahr gekürzt.

5.5.4 Rückegassenabstände: Bei Antragstellern, denen für von eine von ihnen bewirtschaftete Waldfläche eine Förderung mit Mitteln anderer öffentlicher Förderprogramme für die Maßnahme „Einhaltung von Rückegassenabständen" bewilligt wurde, wird die Zuwendung nach den Nummern 5.4.1, 5.4.2.1 und 5.4.2.2 auf der jeweiligen Fläche um 7 Euro je Hektar und Jahr gekürzt.

Anhang 1.4 Richtlinie für Zuwendungen zu einem Klimaangepassten Waldmanagement (BMEL, 2022 a, S. 4)

Bundesanzeiger
Herausgegeben vom Bundesministerium der Justiz
www.bundesanzeiger.de

Bekanntmachung
Veröffentlicht am Freitag, 11. November 2022
BAnz AT 11.11.2022 B1
Seite 4 von 11

5.5.5 Sollte die sich aus den Nummern 5.5.1, 5.5.2, 5.5.3 oder der Nummer 5.5.4 ergebende Kürzung der Zuwendung jeweils größer sein als die gewährte Förderung, wird die Zuwendung nur bis zum Betrag der Förderung gekürzt.

5.5.6 Natürliche Waldentwicklung: Bei Antragstellern wird die Zuwendung für die Einhaltung der Kriterien nach den Nummern 2.2.1 bis 2.2.12 wie nachfolgend beschrieben gekürzt, wenn eine natürliche Waldentwicklung auf der zuwendungsfähigen Waldfläche oder Teilen davon bereits mit Mitteln anderer öffentlicher Förderprogramme gefördert wird und die nach Nummer 2.2.12 zu erbringende Fläche mit natürlicher Waldentwicklung nicht vollumfänglich zusätzlich erbracht wird:

5.5.6.1 Beträgt die Größe der mit Mitteln anderer öffentlicher Förderprogramme geförderten Waldfläche des Antragstellers 5 Prozent der zuwendungsfähigen Waldfläche oder mehr, gilt das Kriterium nach Nummer 2.2.12 als erfüllt. Bei Antragstellern, deren Waldfläche nicht mehr als 100 Hektar beträgt, beträgt die Höhe der Förderung für die zuwendungsfähige Waldfläche 85 Euro pro Hektar und Jahr; bei Antragstellern, deren Waldfläche mehr als 100 Hektar beträgt, beträgt die Höhe der Förderung für die zuwendungsfähige Waldfläche, auf der die Nutzung zulässig ist, 85 Euro pro Hektar und Jahr für den hundertersten Hektar bis zum fünfhundertsten Hektar, 68 Euro pro Hektar und Jahr ab dem fünfhundertersten Hektar bis zum tausendsten Hektar und 47 Euro pro Hektar und Jahr ab dem tausendersten Hektar.

5.5.6.2 Beträgt die Größe der mit Mitteln anderer öffentlicher Förderprogramme geförderten Waldfläche des Antragstellers weniger als 5 Prozent der zuwendungsfähigen Fläche, hat der Zuwendungsempfänger das Kriterium der Nummer 2.2.12 bis zum Erreichen des dort genannten Umfangs zu erfüllen. In diesem Fall ergibt sich die Höhe der Zuwendung in Euro pro Hektar und Jahr nach den Nummern 5.4.2.1 und 5.4.3 aus dem Anteil der zu erbringenden zusätzlichen Fläche nach folgender Berechnung:

Zusätzlicher Flächenanteil mit natürlicher Waldentwicklung, der nach dieser Richtlinie zu erbringen ist [in Prozent]	Höhe der Zuwendung in Euro pro Hektar und Jahr, bezogen auf die zuwendungsfähige Fläche
0	85
1	88
2	91
3	94
4	97
5	100

Die Interpolation der Höhe der Zuwendung erfolgt anhand der folgenden Formel:

Förderung [Euro pro Hektar und Jahr] = 85 + 3 x A

wobei A der zusätzliche Flächenanteil mit natürlicher Waldentwicklung, der nach dieser Richtlinie auf der zuwendungsfähigen Antragsfläche zu erbringen ist, in Prozentpunkten ist und maximal 5 Prozentpunkte erreichen kann.

5.6 Die mit der Bewilligung der Zuwendung verbundene Bindefrist beträgt

5.6.1 im Fall der Nummern 5.4.1 und 5.4.2 jeweils zehn Kalenderjahre,

5.6.2 im Fall der Nummer 5.4.3 bei einer im Fall der Nummer 5.4.2 sich auf eine Bindefrist der Zuwendung von zehn Kalenderjahren anschließende Bindefrist der Zuwendung weitere zehn Kalenderjahre.

5.7 Die Zuwendung wird haushaltsjährlich für das jeweilige Haushaltsjahr bewilligt und ausgezahlt. Für die jeweils verbleibende Bindefrist wird die Zuwendung unter dem Vorbehalt der Verfügbarkeit von Haushaltsmitteln in Aussicht gestellt.

5.8 Sofern im Haushaltsjahr, das dem Haushaltsjahr folgt, in dem die Zuwendung bewilligt worden ist (neues Haushaltsjahr), Haushaltsmittel verfügbar sind, wird im neuen Haushaltsjahr eine Zuwendung bewilligt auf der Grundlage der Bewilligung in dem dem neuen Haushaltsjahr vorangegangenen Haushaltsjahr, wenn der Antragsteller gegenüber der FNR in einer von dieser festgelegten Frist und Form schriftlich bestätigt hat, dass die Zuwendungsvoraussetzungen nach Nummer 4.1 weiterhin vorliegen; Änderungen bei den Zuwendungsvoraussetzungen nach Nummer 4.1 sind der FNR dabei mitzuteilen.

6 Verfahren

6.1 Anträge auf Gewährung einer Zuwendung sind über das elektronische Antragssystem unter www.klimaanpassung-wald.de unter Beachtung der im Antragsportal bekannt gemachten Antragsverfahrensbestimmungen bei der FNR einzureichen.

6.2 Dem Antrag sind folgende Unterlagen beizufügen:

6.2.1 Nachweis der Antragsfläche.

6.2.2 Angaben nach Nummer 9.1.

6.2.3 De-minimis-Erklärung nach Nummer 9.2.

6.2.4 Erklärung zu § 264 StGB (subventionserhebliche Tatsachen).

6.2.5 Erklärung nach Nummer 7.3 Satz 1.

Anhang 1.5 Richtlinie für Zuwendungen zu einem Klimaangepassten Waldmanagement (BMEL, 2022 a, S. 5)

Bekanntmachung
Veröffentlicht am Freitag, 11. November 2022
BAnz AT 11.11.2022 B1
Seite 5 von 11

6.3 Die Bewilligung der Zuwendung ist mit folgenden Auflagen (§ 36 Absatz 2 Nummer 4 des Verwaltungsverfahrensgesetzes – VwVfG) zu verbinden:

6.3.1 Bei Antragstellern, die das klimaangepasste Waldmanagement nach den in den Nummern 2.2.1 bis 2.2.11 festgelegten Kriterien durchführen, mit der Auflage, dass das klimaangepasste Waldmanagement auf der jeweiligen Waldfläche für mindestens zehn Jahre beginnend mit dem Jahr, in dem die Zuwendung erstmals ausgezahlt wird, durchzuführen ist.

6.3.2 Bei Antragstellern, die das klimaangepasste Waldmanagement nach den in den Nummern 2.2.1 bis 2.2.12 festgelegten Kriterien durchführen, mit der Auflage, dass das klimaangepasste Waldmanagement auf der jeweiligen Waldfläche für mindestens zehn Jahre beginnend mit dem Jahr, in dem die Zuwendung erstmals ausgezahlt wird, durchzuführen ist.

6.3.3 Bei Antragstellern, die das klimaangepasste Waldmanagement nach den in den Nummern 2.2.1 bis 2.2.12 festgelegten Kriterien durchführen, mit der Auflage, dass das klimaangepasste Waldmanagement nach dem Kriterium der Nummer 2.2.12 auf der Waldfläche, die im ersten Teil der Bindefrist der natürlichen Waldentwicklung zugeführt worden ist, für zehn Jahre beginnend mit dem Jahr, das dem Jahr folgt, in dem die Verpflichtung nach der Nummer 6.3.2 endet, durchzuführen ist.

6.4 Die erstmalige Bewilligung der Zuwendung ist mit der Bedingung (§ 36 Absatz 2 Nummer 2 VwVfG) zu verbinden, dass der Zuwendungsempfänger der FNR innerhalb von zwölf Monaten nach Zugang des die Zuwendung bewilligenden Bescheids eine aktuell gültige Bescheinigung

6.4.1 des PEFC-Zusatzmoduls in den Fällen der Nummer 4.1.2.1,

6.4.2 in den Fällen der Nummer 4.1.2.2

für die Antragsfläche vorzulegen hat.

6.5 Die Auflagen nach der Nummer 6.3 sind so auszugestalten, dass, wenn Haushaltsmittel für die Zuwendung nicht mehr bereitgestellt werden, die Durchführung des klimaangepassten Waldmanagements nicht mehr erforderlich ist nach Ablauf des Jahres, für das letztmalig eine Zuwendung bewilligt worden ist.

6.6 Der Zuwendungsempfänger erklärt sich damit einverstanden, dass die im Antrag angegebenen Daten und die gewährten Zuwendungen zur Feststellung der Steuerpflicht und Steuererhebung den zuständigen Finanzbehörden übermittelt werden dürfen und die Unterlagen, die für die Bemessung der Zuwendung von Bedeutung sind, mindestens zehn Jahre aufzubewahren sind. Längere Aufbewahrungsfristen nach anderen Vorschriften bleiben davon unberührt.

Dem Antragsteller kann aufgegeben werden, weitere Unterlagen (z. B. Gesellschaftsvertrag, Satzung, Grundbuchauszug, Pachtvertrag, Jahresabschluss, Unbedenklichkeitsbescheinigung des Finanzamts) vorzulegen.

6.7 Die für Zuwendungen im Jahr 2022 verfügbaren Haushaltsmittel werden auf die Bundesländer wie folgt aufgeteilt:

Land	Prozent
Baden-Württemberg	13,52
Bayern	23,02
Berlin	0,01
Brandenburg	9,76
Bremen	0,04
Hamburg	0,08
Hessen	7,05
Mecklenburg-Vorpommern	3,61
Niedersachsen	10,56
Nordrhein-Westfalen	9,79
Rheinland-Pfalz	7,94
Saarland	0,69
Sachsen	3,84
Sachsen-Anhalt	4,38
Schleswig-Holstein	1,48
Thüringen	4,23

6.8 Zuwendungen auf Grund von förderfähigen Anträgen, die bis zum 30. November 2022 eingereicht worden sind, werden – grundsätzlich in der Reihenfolge des Antragseingangs bei der FNR – zunächst jeweils bis zur Erschöpfung der Haushaltsmittel gewährt, die für das jeweilige Bundesland eingeplant sind, in dem die Antragsfläche belegen ist. Ist die Antragsfläche in mehreren Bundesländern belegen, wird sie in Gänze dem Bundesland zugerechnet, in dem der größte Flächenteil belegen ist. Förderfähige Anträge, die danach nicht beschieden werden konnten, können – grund-

Anhang 1.6 Richtlinie für Zuwendungen zu einem Klimaangepassten Waldmanagement (BMEL, 2022 a, S. 6)

Bekanntmachung

Veröffentlicht am Freitag, 11. November 2022
BAnz AT 11.11.2022 B1
Seite 6 von 11

sätzlich in der Reihenfolge des Antragseingangs bei der FNR – im Jahr 2022 aus den dann noch insgesamt zur Verfügung stehenden Haushaltsmitteln des Jahres 2022 beschieden werden.

6.9 Förderfähige Anträge, die aufgrund fehlender Haushaltsmittel im Jahr 2022 nicht mehr bewilligt werden konnten, werden im folgenden Haushaltsjahr in der Reihenfolge ihres Eingangs beschieden, sobald wieder und solange Haushaltsmittel zur Verfügung stehen.

6.10 Die nach Berücksichtigung der Bewilligungen nach Nummer 6.9 und nach Nummer 5.8 für Zuwendungen im Jahr 2023 noch verfügbaren Haushaltsmittel für im Jahr 2023 gestellte Anträge werden jeweils auf die Bundesländer nach dem in Nummer 6.7 aufgeführten Verteilungsschlüssel aufgeteilt. Für förderfähige Anträge, die bis zum 31. August 2023 gestellt worden sind, gilt Nummer 6.8 entsprechend.

7 Sonstige Bestimmungen

7.1 Bestandteil eines Zuwendungsbescheids werden die Allgemeinen Nebenbestimmungen für Zuwendungen zur Projektförderung (ANBest-P).

7.2 Zuwendungen unterhalb eines Auszahlungsbetrages von 85 Euro pro Antrag und Jahr werden nicht gewährt.

7.3 Mit der zu fördernden Maßnahme darf erst nach Bewilligung begonnen werden. Als Vorhabenbeginn ist der Beginn der Bindefrist zu werten.

7.4 Kosten und Ausgaben, die dem Antragsteller vor der Antragstellung entstanden sind oder durch die Antragstellung entstehen, bleiben unberücksichtigt und sind nicht zuwendungsfähig.

7.5 Für die Bewilligung, Auszahlung und Abrechnung der Zuwendung sowie für den Nachweis und die Prüfung der Verwendung und die gegebenenfalls erforderliche Aufhebung des Zuwendungsbescheids und die Rückforderung der gewährten Zuwendung gelten die §§ 48 bis 49a VwVfG, die §§ 23, 44 BHO und die hierzu erlassenen Allgemeinen Verwaltungsvorschriften, soweit nicht in diesen Förderrichtlinien Abweichungen von den Allgemeinen Verwaltungsvorschriften zugelassen worden sind. Der Bundesrechnungshof ist gemäß § 91 BHO zur Prüfung berechtigt. Eine Rückforderung einer gewährten Zuwendung findet nicht mit der Begründung der Nichterfüllung einer Auflage nach Nummer 6.3 statt, wenn Haushaltsmittel für die Zuwendung nicht mehr bereitgestellt werden.

7.6 Die nach dieser Richtlinie gewährten Zuwendungen sind Subventionen im Sinne des § 264 des Strafgesetzbuches (StGB). Im Antragsverfahren wird der Antragsteller daher auf die Strafbarkeit des Subventionsbetrugs und auf seine Mitteilungspflichten nach § 3 des Subventionsgesetzes (SubvG) hingewiesen. Die subventionserheblichen Tatsachen im Sinne von § 264 StGB in Verbindung mit § 2 SubvG werden vor Bewilligung der Zuwendung detailliert bezeichnet.

7.7 Einzelbeihilfen, die den Wert von 500 000 Euro übersteigen, werden nach Artikel 9 Absatz 2 Buchstabe c Ziffer ii der Verordnung (EU) Nr. 702/2014 auf einer ausführlichen Beihilfe-Internetseite („TAM") veröffentlicht.

8 Kontrollen, Prüfrechte

8.1 Die FNR hat ein Prüfungsrecht hinsichtlich der Einhaltung der Zuwendungsvoraussetzungen nach Nummer 4. Die FNR oder von ihr beauftragte Dritte können insbesondere stichprobenweise bis zum Ende der Zweckbindung Vor-Ort-Kontrollen zur Inaugenscheinnahme der Original-Nachweise nach Nummer 4.1.2 sowie zur Prüfung der Einhaltung der Kriterien nach Nummer 2.2 vornehmen.

8.2 Der Zuwendungsempfänger verpflichtet sich, Vertretern der FNR und von ihr beauftragten Dritten jederzeit auf Verlangen erforderliche Auskünfte zu erteilen, Einsicht in Bücher und Unterlagen zu gewähren, Räume zu bezeichnen und zu öffnen sowie Prüfungen, auch im Wald, zu gestatten, damit zuverlässig geprüft werden kann, ob die Bedingungen für die Gewährung der Zuwendung eingehalten worden sind bzw. werden.

9 Beihilferecht

9.1 Die Zuwendung darf nicht mit anderen öffentlichen Förderprogrammen einschließlich der Gemeinschaftsaufgabe „Verbesserung der Agrarstruktur und des Küstenschutzes" für die gleichen beihilfefähigen Maßnahmen kumuliert werden. Satz 1 gilt nicht, wenn und soweit ausdrücklich etwas Anderes bestimmt ist. Eine Kumulierung mit anderen Beihilfen für dieselben, sich teilweise oder vollständig überschneidenden beihilfefähigen Kosten darf nicht dazu führen, dass die Beihilfeintensität von 100 Prozent überschritten wird. Der Antragsteller hat in seinem Antrag alle anderen Beihilfen anzugeben, die ihm für dieselben, sich teilweise oder vollständig überschneidenden beihilfefähigen Kosten gewährt wurden oder die er beantragt hat. Werden dem Antragsteller nach Antragstellung solche Beihilfen gewährt, hat er dies unverzüglich der beihilfegewährenden Stelle schriftlich anzuzeigen. Die Angaben sind subventionserheblich.

9.2 Die Gewährung einer Zuwendung erfolgt nach den Regelungen der Verordnung (EU) Nr. 1407/2013[2]. Der Gesamtbetrag der dem Zuwendungsempfänger gewährten De-minimis-Beihilfen darf in einem Zeitraum von drei Steuerjahren 200 000 Euro nicht übersteigen. Der Antragsteller hat in seinem Antrag darzulegen und, soweit erforderlich, bis zum Zeitpunkt der Förderungsgewährung nachzureichen, wann und in welcher Höhe ihm – unabhängig vom Beihilfegeber – im laufenden sowie in den beiden vorangegangenen Steuerjahren De-minimis-Beihilfen nach der Verordnung

[2] Verordnung (EU) Nr. 1407/2013 der Kommission vom 18. Dezember 2013 über die Anwendung der Artikel 107 und 108 des Vertrags über die Arbeitsweise der EU auf De-minimis-Beihilfen (ABl. L 352 vom 24.12.2013, S. 1), die durch die Verordnung (EU) 2020/972 (ABl. L 215 vom 7.7.2020, S. 3) geändert worden ist

Anhang 1.7 Richtlinie für Zuwendungen zu einem Klimaangepassten Waldmanagement (BMEL, 2022 a, S. 7)

Bekanntmachung
Veröffentlicht am Freitag, 11. November 2022
BAnz AT 11.11.2022 B1
Seite 7 von 11

(EU) Nr. 1407/2013 oder einer anderen De-minimis-Verordnung gewährt wurden. Dabei hat er auch anzugeben, welche Beihilfeanträge auf Grundlage einer De-minimis-Verordnung gegenwärtig gestellt sind. Die Angaben sind subventionserheblich.

9.3 Der Antragsteller erhält einen Zuwendungsbescheid, dem eine De-minimis-Bescheinigung beigefügt ist. Diese Bescheinigung ist zehn Jahre vom Unternehmen aufzubewahren und der bewilligenden Stelle auf deren Anforderung innerhalb von einer Woche oder einer in der Anforderung festgesetzten längeren Frist vorzulegen.

9.4 Die De-minimis-Bescheinigung ist bei künftigen Beantragungen als Nachweis für die vergangenen Beihilfen vorzulegen.

10 Inkrafttreten

Diese Richtlinie tritt am Tag nach der Veröffentlichung im Bundesanzeiger in Kraft.

Berlin, den 28. Oktober 2022

Bundesministerium
für Ernährung und Landwirtschaft

Im Auftrag
Bernt Farcke

Anhang 1.8 Richtlinie für Zuwendungen zu einem Klimaangepassten Waldmanagement (BMEL, 2022 a, S. 8)

Bundesanzeiger
Herausgegeben vom
Bundesministerium der Justiz
www.bundesanzeiger.de

Bekanntmachung
Veröffentlicht am Freitag, 11. November 2022
BAnz AT 11.11.2022 B1
Seite 8 von 11

Anlage
(zu Nummer 2.4)

Zweck dieser Anlage ist es, die in Nummer 2.2 aufgeführten Kriterien und die dort verwendeten Fachbegriffe zu erläutern. Für andere Zwecke sind die Erläuterungen nicht bestimmt.

Kriterium	Begriff	Definition und Erläuterungen
2.2.1	Vorausverjüngung	Vorausverjüngung (oder auch Vorverjüngung) ist eine zum Zeitpunkt der Einleitung der Endnutzung (Ernte) des Altbestandes gesichert etablierte Verjüngung, die im Schnitt wenigstens fünf Jahre alt ist.
2.2.1	Voranbau	Der Voranbau ist ein Waldbauverfahren, bei dem eine Kunstverjüngung (Saat, Pflanzung) unter dem Schirm des bestehenden Altbestandes als zukünftiger Hauptbestand eingebracht wird.
2.2.1	Naturverjüngung	Naturverjüngung bezeichnet einen aus natürlichem Samenfall oder Eintragung durch Tiere und Ansamung entstandenen Jungpflanzenbestand (im Gegensatz zu Kunstverjüngung aus Saat oder Pflanzung).
2.2.1	Ausgangs- und Zielbestand	Der Ausgangsbestand stellt den bestehenden Waldbestand vor Eingriffen dar; der Zielbestand den erwünschten Bestand am Ende der waldbaulichen Behandlung.
2.2.1	Nutzung bzw. Ernte	Nutzung bzw. Ernte beschreibt die Holzentnahme zur wirtschaftlichen Verwertung, verbunden mit der nachfolgenden Verjüngung des Bestandes.
2.2.2	Klimaresiliente Baumarten	Klimaresiliente Baumarten umfassen solche, die standortsbedingt entweder wenig empfindlich auf klimatisch bedingten Stress und Extremereignisse durch z. B. Sturm, Hitze, Trockenheit, Nass-Schnee, Eisanhang und begleitendes Schaderreger-Auftreten reagieren oder sich wieder schnell und vollständig von den schädigenden Einflüssen erholen. Als Anhalt können die Einschätzungen der regional zuständigen Forstlichen Landesanstalten hinsichtlich der Klimaresilienz und Zukunftsfähigkeit der Baumarten herangezogen werden.
2.2.2 und 2.2.3	Überwiegend standortheimische Baumarten	Standortheimische Baumarten sind Baumarten der potentiell natürlichen Vegetation an einem gegebenen Standort. „Überwiegend" bedeutet mindestens 51 Prozent.
2.2.3	Forstliche Landesanstalten der Länder	Zu den Forstlichen Landesanstalten zählen folgende Versuchs- und Forschungsanstalten bzw. Betriebseinheiten der Länder (ohne Stadtstaaten): – Nordwestdeutsche Forstliche Versuchsanstalt für Schleswig-Holstein, Niedersachsen, Sachsen-Anhalt und Hessen, – Betriebsteil Forstplanung, Versuchswesen, Informationssysteme, Landesforst Mecklenburg-Vorpommern, – Landeskompetenzzentrum Forst Eberswalde, Landesbetrieb Forst Brandenburg, – Kompetenzzentrum Wald und Forstwirtschaft, Staatsbetrieb Sachsenforst, – Forstliches Forschungs- und Kompetenzzentrum Gotha, ThüringenForst, – Zentrum für Wald und Holzwirtschaft, Landesbetrieb Wald und Holz Nordrhein-Westfalen, – Forschungsanstalt für Waldökologie und Forstwirtschaft Rheinland-Pfalz, – Forstliche Versuchs- und Forschungsanstalt Baden-Württemberg, – Bayerische Landesanstalt für Wald und Forstwirtschaft.

Anhang 1.9 Richtlinie für Zuwendungen zu einem Klimaangepassten Waldmanagement (BMEL, 2022 a, S. 9)

Bundesanzeiger
Herausgegeben vom Bundesministerium der Justiz
www.bundesanzeiger.de

Bekanntmachung
Veröffentlicht am Freitag, 11. November 2022
BAnz AT 11.11.2022 B1
Seite 9 von 11

Kriterium	Begriff	Definition und Erläuterungen
2.2.4	Sukzession und Sukzessionsstadien (im Wald)	Sukzession bezeichnet die natürliche Abfolge (Sukzessionsstadien) von sich einander ablösenden Pflanzen- und Waldgesellschaften an einem bestimmten Standort, insbesondere als natürlicher Wiederherstellungsprozess.
2.2.4	Vorwald	Vorwald benennt einen jungen Waldbestand aus Natur- oder Kunstverjüngung meist schnellwachsender, aber lichtdurchlässiger Pionierbaumarten (z. B. Birke, Aspe, Weidenarten, Eberesche), unter deren Schirm andere empfindliche Baumarten-Verjüngungen (z. B. Buche, Eiche) gegenüber klimatischen Extremen wie Frost, Hitze und Trockenheit besser geschützt sind.
2.2.4	Störungen	Unter Störungen (natürlicher Prozess) bezeichnet man die abrupte Änderung des Waldaufbaus durch das Absterben einzelner Bäume, Baumgruppen bis ganzer Bestände durch ein zeitlich befristetes Extremereignis wie z. B. Sturm, Schnee und Eisbruch (abiotische Störungen) oder Schaderregerbefall (biotische Störungen). Kleinflächige Störungen beziehen sich auf Flächen bis zu 0,3 Hektar. Im Altbestand entspricht dies gruppen- bis horstweisen Lücken.
2.2.5	Erweiterung der klimaresilienten, standortheimischen Baumartendiversität	Heute standortheimische Baumarten sind an die klimatischen Bedingungen der Vergangenheit oder Gegenwart und eventuell der Zukunft angepasst. Die Klimaangepasstheit standortheimischer Baumarten hängt maßgeblich von der Naturnähe (Strukturvielfalt, Artenreichtum) der betrachteten Waldökosysteme ab. Die hohe Unsicherheit im Hinblick auf die zukünftige Anpassung heute standortheimischer Baumarten kann in Ausnahmefällen die Erweiterung des verwendeten Baumartenspektrums um Baumarten mit hohem Anpassungspotenzial an Trockenheit, Hitze, Sturm oder Schaderregerbefall erfordern. Dies gilt prinzipiell in Waldbeständen mit geringer Baumartenzahl, insbesondere in naturfernen Reinbeständen. Das Baumartenspektrum umfasst überwiegend standortheimische Baumarten.
2.2.5	Mischungsform	Die Mischungsform beschreibt den horizontalen Aufbau des Waldbestandes mit unterschiedlichen Baumarten.
2.2.6	Kahlschlag	Ein Kahlschlag ist eine flächenhafte Nutzung des Bestandes ab einer Hiebsfläche von 0,3 Hektar.
2.2.6	Sanitärhieb	Ein Sanitärhieb ist das Fällen und Entnehmen von absterbenden oder toten Bäumen oder Baumgruppen außerhalb der planmäßigen Nutzung in der Regel aufgrund von Störungen oder längerfristiger Stresseinwirkung. Hierdurch sollen benachbarte Bäume vor der jeweiligen Erkrankung (insbesondere Schädlingsbefall) geschützt und das Holz soll vor einer Entwertung genutzt werden.
2.2.6	Kalamität	Eine Kalamität bezeichnet den Ausfall von Waldbeständen z. B. durch Massenvermehrungen von Borkenkäfern, anderen blatt- oder nadelfressenden Insekten oder durch Witterungsextreme verursachten Schäden (z. B. Sturm, Schnee- oder Eisbruch, Waldbrand, Dürre).
2.2.6	Derbholzmasse	Derbholz umfasst die oberirdischen Teile eines Baumes (Stamm und Äste), die am schwächeren Ende gemessen mindestens einen Durchmesser von 7 cm mit Rinde (Durchmesser von Holz plus Rinde) haben.

Anhang 1.10 Richtlinie für Zuwendungen zu einem Klimaangepassten Waldmanagement (BMEL, 2022 a, S. 10)

Bundesanzeiger
Herausgegeben vom
Bundesministerium der Justiz
www.bundesanzeiger.de

Bekanntmachung
Veröffentlicht am Freitag, 11. November 2022
BAnz AT 11.11.2022 B1
Seite 10 von 11

Kriterium	Begriff	Definition und Erläuterungen
2.2.7	Anreicherung und Erhöhung der Diversität an Totholz	Eine Anreicherung von Totholz liegt vor, wenn abgestorbene Bäume im Wald belassen werden und hierdurch die Gesamtmenge an Totholz auf der Fläche steigt. Die Diversität an Totholz kann z. B. erhöht werden, wenn gezielt Typen von Totholz (z. B. liegend/stehend oder nach Durchmesser oder Baumart) geschaffen oder erhalten werden, die weniger häufig vorkommen als andere. Die Kennzahlen aus dem Bewertungsschema für FFH-Lebensraumtypen[3] können als Anhalt für Altbestände genutzt werden.
2.2.7	Hochstumpf	Als Hochstumpf zählen stehende tote Bäume ohne Baumkrone. Bei künstlicher Anlage sollten die Stümpfe so hoch sein, dass ihr oberer Bereich besonnt ist.
2.2.8	Habitatbaum	Ein Habitatbaum ist ein lebender oder toter, stehender Baum, der mindestens ein Mikrohabitat trägt. Als Mikrohabitat werden kleinräumige oder speziell abgegrenzte Lebensräume bezeichnet, die durch Verletzungen, Aktivitäten von Tieren oder Pflanzen oder Wuchsstörungen oder Eigenarten des Baumes bedingt werden. Beispiele sind Flechten, Rindentaschen nach Blitzschlag, Spechthöhlen, sogenannte Hexenbesen oder Efeubewuchs. Habitatbäume haben keine absoluten Mindestgrößen oder Alter. Bei der Auswahl soll naturschutzfachlich wertvolleren Bäumen der Vorzug gegeben werden. Habitatbäume werden permanent gekennzeichnet. Bei einer anteiligen Verteilung der Habitatbäume sind Flächen ausgeschlossen, die nach dem Kriterium der Nummer 2.2.12 einer natürlichen Waldentwicklung vorbehalten sind oder Flächen, auf denen aufgrund gesetzlicher Bestimmungen eine Nutzung ausgeschlossen ist.
2.2.8	Habitatbaumanwärter	Habitatbaumanwärter sind Bäume, die Mikrohabitat-geeignete Strukturen aufweisen, die sich in Entwicklung befinden. Habitatbaumanwärter sind wie Habitatbäume entsprechend zu kennzeichnen.
2.2.9	Rückegasse	Rückegassen sind unbefestigte Fahrlinien im Wald, die im Rahmen der sogenannten Feinerschließung angelegt werden und bei Hiebsmaßnahmen von Forstmaschinen (insbesondere Rückemaschinen, Harvestern und Forwardern) befahren werden.
2.2.9	Rückegassenabstand	Der Abstand zwischen zwei Rückegassen im Bestand. Er wird von Mitte der Rückegasse zur Mitte der benachbarten Rückegasse gemessen. Anstelle von Abständen können auch Prozentwerte für befahrene Fläche herangezogen werden, wobei 30 Meter Abstand 13,5 Prozent Fläche und 40 Meter Abstand 10 Prozent Fläche entsprechen.
2.2.9	Verdichtungsempfindlicher Boden	Verdichtungsempfindlich ist ein Boden, welcher aufgrund seiner Eigenschaften, insbesondere der Bodentextur, ein hohes Risiko trägt, dass es infolge mechanischer Belastungen (wie z. B. Befahren mit schweren Maschinen) zu dauerhaften Beeinträchtigungen der Bodenstruktur (Verdichtung) kommt.

[3] Bundesamt für Naturschutz (BfN) und Bund-Länder-Arbeitskreis (BLAK) FFH-Monitoring und Berichtspflicht (Hrsg.) (2017). Bewertungsschemata für die Bewertung des Erhaltungsgrades von Arten und Lebensraumtypen als Grundlage für ein bundesweites FFH-Monitoring. Teil II: Lebensraumtypen nach Anhang I der FFH-Richtlinie (mit Ausnahme der marinen und Küstenlebensräume). BfN-Skripten 481, 2. Überarbeitung, 242 S. DOI: 10.19217/skr481

Anhang 1.11 Richtlinie für Zuwendungen zu einem Klimaangepassten Waldmanagement (BMEL, 2022 a, S. 11)

Bundesanzeiger
Herausgegeben vom
Bundesministerium der Justiz
www.bundesanzeiger.de

Bekanntmachung
Veröffentlicht am Freitag, 11. November 2022
BAnz AT 11.11.2022 B1
Seite 11 von 11

Kriterium	Begriff	Definition und Erläuterungen
2.2.10	Pflanzenschutzmittel	Pflanzenschutzmittel (PSM) sind alle chemischen oder biologischen Produkte, die Pflanzen oder Pflanzenerzeugnisse vor einer Schädigung durch Tiere (z. B. Insekten, Nagetiere) oder Krankheiten wie Pilzbefall schützen sollen. Auch Produkte, die der Bekämpfung von unerwünschten Pflanzen dienen, zählen zu den Pflanzenschutzmitteln. Als PSM gelten Insektizide, Fungizide und Herbizide. Mittel zur Vergrämung von schädigenden Säugetieren, zum Verbissschutz von Jungpflanzen oder zur Behandlung von Wunden an Bäumen (schützen vor Krankheiten) sind keine PSM.
2.2.10	Polter	Polter bezeichnet einen aufgeschichteten Stapel Rundholz zur Lagerung, zum Weitertransport oder zur Weiterverarbeitung.
2.2.11	Maßnahmen zur Wasserrückhaltung	Maßnahmen zur Wasserrückhaltung im Wald können über verschiedene Wege erfolgen. Der Abfluss von Wasser aus dem Wald kann z. B. verringert werden über den Rückbau von bestehenden Entwässerungsstrukturen, die Renaturierung und Förderung von stehenden und fließenden Gewässern sowie Feuchtgebieten im Rahmen von wasser- und naturschutzrechtlich abgestimmten Entwicklungskonzepten, gegebenenfalls in Kombination mit der Anlage von Feuerlöschteichen. Dienlich sind zudem Maßnahmen zur Pflege und zum Erhalt einer Humusauflage sowie einer Bodenvegetation, die eine schnelle Ableitung von Niederschlägen in den Waldboden begünstigt und zur Vermeidung von oberflächigem Abfluss beiträgt. Auch eine Verringerung der Feinerschließung oder der Befahrungsintensität kann die Wasserrückhaltekapazität von Waldböden verbessern.
2.2.12	Natürliche Waldentwicklung	Eine natürliche Waldentwicklung liegt vor, wenn auf Waldflächen von mindestens 0,3 Hektar Größe forstwirtschaftliche Eingriffe für mindestens 20 Jahre ausgeschlossen sind. Ausnahmen für Eingriffe in den Baumbestand sind naturschutzfachlich notwendige Pflege- oder Erhaltungsmaßnahmen sowie notwendige Verkehrssicherungs- und Forstschutzmaßnahmen. In diesen Fällen müssen die gefällten Bäume als Totholz im Bestand verbleiben. Dies gilt nicht, soweit eine Entfernung der Bäume zur Abwehr von Gefahren oder zur Bekämpfung invasiver Neobiota erforderlich ist.
2.2.12	Naturschutzfachlich notwendige Pflege- oder Erhaltungsmaßnahmen	Naturschutzfachlich notwendig sind Pflege- oder Erhaltungsmaßnahmen, die zwingend erforderlich sind, um Schutzgüter des Naturschutzes (z. B. Arten, geschützte Biotope oder Waldlebensraumtypen) entgegen der natürlichen Entwicklung und Dynamik zu erhalten. Dies kann auch die Aufrechterhaltung bestimmter kulturbetonter Waldformen (z. B. Nieder-, Mittel-, Hutewälder oder Waldränder) umfassen.

Anhang 2.1 **Schriftsatz Forsteinrichtung Stadtwald Gera (ROPTE, 2016, S. 1)**

ThüringenForst
Forstliches Forschungs- und
Kompetenzzentrum Gotha
Referat Inventur und Planung

Auftragnehmer:

Planungsbüro
GÖTZE
landschaftsarchitektur
forstplanung

Arnoldstraße 9
99734 Nordhausen

Schriftsatz

zum Forsteinrichtungswerk des

Stadtwaldes

GERA

THÜRINGER FORSTAMT
WEIDA

Stichtag: 01.01.2016

Aufgestellt durch: Thomas Ropte

Anhang 2.2 Schriftsatz Forsteinrichtung Stadtwald Gera (ROPTE, 2016, S. 2)

0 EINFÜHRUNG

Die Forsteinrichtung ist die mittelfristige, in der Regel 10-jährige Planung im Forstbetrieb. Sie erstreckt sich auf die Aufgabenbereiche

- Zustandserfassung
- Erfolgsprüfung
- Planung für das kommende Jahrzehnt

Das Ziel ist der Aufbau und die Pflege eines standortsgemäßen, gesunden und leistungsfähigen Waldes, der seine Funktion im Nutz-, Schutz- und Erholungsbereich in optimaler Weise erfüllt. Der Wirtschafter hat die hierfür notwendigen Maßnahmen nach anerkannten forstlichen Grundsätzen nachhaltig, pfleglich, planmäßig und sachkundig durchzuführen und die Belange der Umweltvorsorge zu berücksichtigen (§ 19 Thüringer Waldgesetz).
Die für den Stadtwald Gera zum Stichtag 01.01.2016 festgestellten Ergebnisse werden im "Forsteinrichtungswerk" niedergelegt und bilden die Grundlage für die jährliche Planung.
Die Forsteinrichtung findet ihre gesetzliche Verankerung in den §§ 20, 33 und 41 des Thüringer Waldgesetzes. Sie wurde vom Forstlichen Forschungs- und Kompetenzzentrum Gotha in Zusammenarbeit mit dem zuständigen Forstamt Weida für den Waldbesitzer kostenfrei durchgeführt.
Im Rahmen des Schlusstermins wird die periodische Betriebsplanung erörtert. Als Waldeigentümerin beschließt die Stadt Gera über den Betriebsplan. Die Außenaufnahmen erfolgten im Frühjahr/Sommer 2015, die Schlussverhandlung fand am 12.02.2016 statt.

1 ZUSTANDSDARSTELLUNG

1.1 Lage des Forstbetriebes

Der Wald gliedert sich sowohl in größere Blöcke wie den eigentlichen Stadtwald oder die sogenannte „Cosse" als auch mittelgroße Flächen und Splitterflächen, welche über den gesamten Verwaltungsbereich der Kommune verteilt sind bzw. in der Gemeinde Kraftsdorf liegen. Die 833,07 ha umfassende Gesamtfläche befindet sich in den Thüringer Forstämtern Weida (Reviere Ronneburg und Ernsee) sowie Jena-Holzland (Revier Saara).

1.2 Standörtliche Grundlagen

Der Stadtwald verteilt sich zudem auf die Wuchsgebiete „Sächsisch-thüringisches Löß-Hügelland" sowie „Ostthüringisches Trias-Hügelland" mit vier Teilwuchsbezirken, wobei hier der „Ostthüringische Buntsandstein" neben dem „Altenburg-Zeitzer Löß-Hügelland", der „Ronneburger Schieferplatte" sowie dem „Mittleren Elstertal" den größten Teil einnimmt.
Das am häufigsten anstehende Grundgestein ist Bundsandstein.
Der Stadtwald liegt hauptsächlich in der Klimastufe Vm (Hügelland mit mäßig trockenem Klima), weiterhin vorkommend sind die Klimastufe Vt (Hügelland mit trockenem Klima) und Vk (Hügelland mit kühlem mäßig feuchtem Klima).
Der Stadtwald stockt vorwiegend auf mittleren „M" Standorten.
Hinsichtlich der Feuchtestufen dominieren die mäßig frischen Standorte (2) vor den sehr frischen bis frischen Standorten (1) und den mäßig trockenen Standorte (3).

2

Anhang 2.3 Schriftsatz Forsteinrichtung Stadtwald Gera (ROPTE, 2016, S. 3)

1.3 Flächenübersicht und Waldeinteilung

Holzboden			Nichtholz-boden	Forstliche Betriebsfläche	Nichtforstliche Betriebsfläche	Gesamtfläche
Int. - Stufe 0 u. 1	Int. -Stufe 2 u. 3	Gesamt				
(ha)	(ha)	(ha)	(ha)	(ha)	(ha)	(ha)
53,09	690,14	743,23	89,85	833,08	0	833,08

Die Gesamtfläche von 833,08 ha entspricht der mit dem Kataster abgestimmten Fläche von 8.330.725 m². Auf Grund der Flächengrößen (Splitterflächen) oder der Geländeausformung (Steilhänge) und der daraus resultierenden Bestockung sollen in Abstimmung mit dem zuständigen Revierleiter 690,14 ha normal und 53,09 ha extensiv (1) oder gar nicht (0) bewirtschaftet werden.
Die Nutzungsarten des Nichtholzbodens von zusammen 89,85 ha können im Einzelnen dem Flächenverzeichnis entnommen werden.
Der Stadtwald unterteilt sich in 57 Abteilungen. Die Bildung der BHE`s (Behandlungseinheiten) erfolgte anhand der vorgefundenen waldbaulichen Situation. Im Ergebnis der Vorgabe durch das Forstamt, große BHE`s zu bilden, wurden möglichst viele BHE`s zusammengelegt.

1.4 Waldfunktionen und Naturschutz

Nachstehende Übersicht verdeutlicht die im Kommunalwald von Gera vorliegenden Waldfunktionen:

Waldfunktionenbereich	Waldfunktionen	Fläche (ha)
Nutzfunktion	Hochproduktiver Wald	402,83
Wasserwirtschaft und Gewässerschutz	Wasserschutzgebiet Flussuferschutzfunktion	8,13 5,01
Bodenschutz	Bodenschutzfunktion	46,71
Klimaschutz	Klimaschutzfunktion	17,84
Immissionsschutz	Immissionsschutzfunktion Lärmschutzfunktion	2,78 57,82
Sicht-/Straßen-/Brandschutz	Sichtschutzfunktion	1,83
Natur- und Landschaftsschutz	FFH-Gebiet Europäisches Vogelschutzgebiet Besonders geschütztes Waldbiotop Landschaftsschutzgebiet Wald im waldarmen Gebiet Naturdenkmal	69,84 4,63 30,01 452,66 35,80 4,46
Forschung und Lehre	Park und Arboretum	12,12
Erholungsfunktion	Erholungsfunktion	287,86
Waldfunktionen-Quotient	**1,8**	**819,47**

Der Waldfunktionen-Quotient von 1,8 weist darauf hin, dass jeder Hektar Waldfläche im Durchschnitt 1,8 Waldfunktionen erfüllt.

3

Anhang 2.4 Schriftsatz Forsteinrichtung Stadtwald Gera (ROPTE, 2016, S. 4)

1.5 Baumartenanteile nach Baumartengruppen

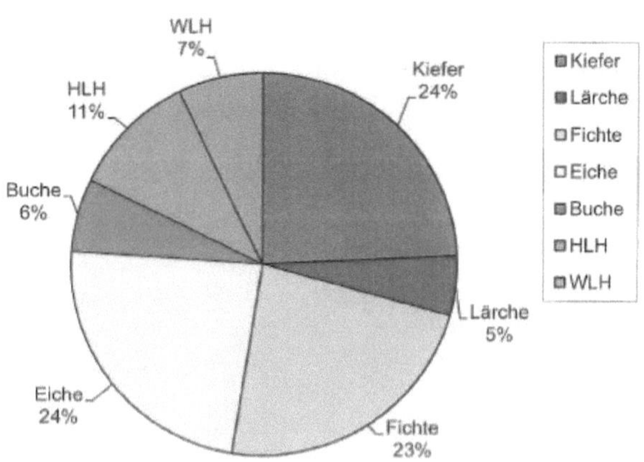

Baumartengruppe	Kiefer	Lärche	Fichte	Eiche	Buche	HLH	WLH	Summe
Fläche (ha)	180,17	37,39	172,07	175,48	45,72	78,62	53,36	**742,82**
Anteil (%)	24,25%	5,03%	23,16%	23,62%	6,15%	10,58%	7,18%	**100,00%**

Blößen nehmen insgesamt 0,41 ha ein.

Die Baumartengruppen (BAG) Kiefer, Eiche und Fichte nehmen mit jeweils etwa 24% den größten Flächenanteil an der Holzbodenfläche des Stadtwaldes ein. Es sind die Hauptbaumartengruppen. Weiterhin nennenswerte Anteile entfallen auf die BAG Hartlaubhölzer (HLH; 11%), Weichlaubhölzer (WLH; 7%), Buche (6%) und Lärche (5%).

Im Stadtwald Gera wurden insgesamt 24 verschiedene Bestandeszustandstypen ausgewiesen, unter denen Kiefern, Eichen- und Fichtentypen dominieren.

Die zehn häufigsten Bestandeszustandstypen (s. Tab. 3.5) sind:

Kiefern-Nadelholz-Mischbestand	10%
Kiefern-Laubholz-Mischbestand	9%
Eichen-Laubholz-Mischbestand	9%
Eichen-Nadelholz-Mischbestand	9%
Fichten-Reinbestand	8%
Fichten-Nadelholz-Mischbestand	7%
Edellaubholz-Mischbestand	7%

4

Anhang 2.5 Schriftsatz Forsteinrichtung Stadtwald Gera (ROPTE, 2016, S. 5)

Eichen-Reinbestand	6%
Kiefern-Reinbestand	6%
Fichten-Laubholz-Mischbestand	6%

Die zehn oben aufgezählten Bestandeszustandstypen machen zusammen 77% aus – die weiteren 14 in Summe noch einmal 23%. Das Verhältnis von nadelholz- zu laubholzdominierten Bestandeszustandstypen beträgt 55 : 44. Zudem ist der Stadtwald durch Mischbestände dominiert (76%).

1.6 Altersgliederung nach Baumartengruppen

In einer Altersklasse werden 20 Jahre zusammengefasst. Die Altersklasse I umfasst alle Bestände, die zwischen einem Jahr und 20 Jahren alt sind. Die Altersklasse II umfasst alle Bestände mit dem Alter von 21 - 40 Jahren ... und so fort. Für den Betrieb ergibt sich für den Oberstand folgende Altersklassenverteilung:

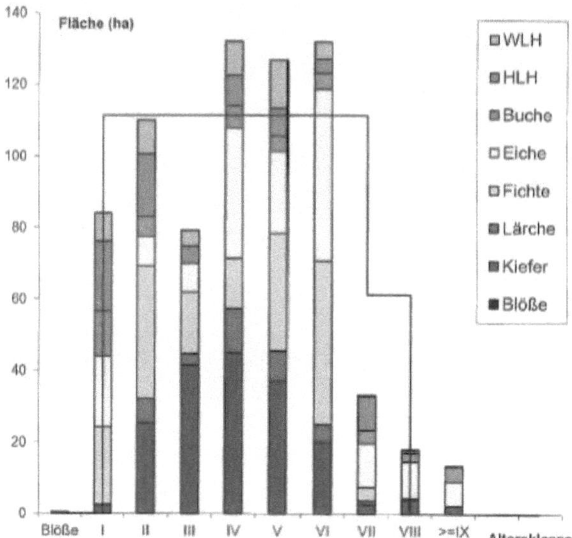

Die Grafik zeigt insgesamt eine relativ ausgewogene Verteilung in Bezug auf die Normalfläche (Bereich unterhalb der schwarzen Linie). Diese ergibt sich aus den vorgegebenen Umtriebszeiten für die einzelnen BAG und deren Flächenanteilen an der Holzbodenfläche. Die Altersklassen IV bis VI sind jeweils etwas überrepräsentiert, die Altersklassen I und III entsprechend etwas unterrepräsentiert.

5

Anhang 2.6 Schriftsatz Forsteinrichtung Stadtwald Gera (ROPTE, 2016, S. 6)

Die Flächenanteile in den Altersklassen VII bis IX zeigen in der Summe eine entsprechend angemessene Ausstattung mit Altbeständen von Eiche, Buche, Kiefer und Hartlaubhölzern.

Ein Unterstand ist auf 49% der Holzbodenfläche, also auf 363,32 ha zu finden. Die Altersklassen- und Baumartenverteilung im Unterstand stellt sich wie folgend abgebildet dar:

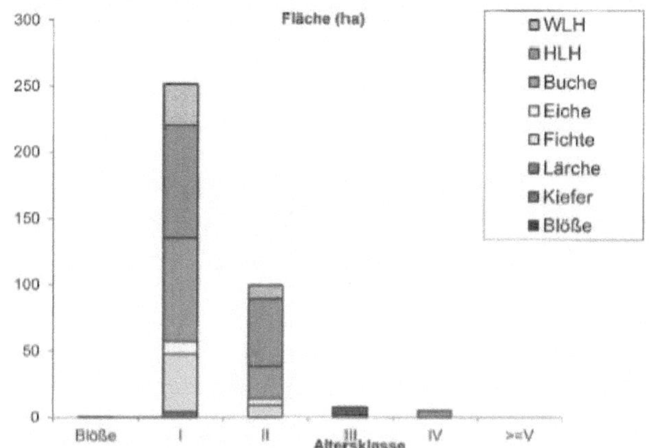

Wie aus dem Säulendiagramm ersichtlich wird, besteht der Unterstand vorwiegend aus HLH (orange), Buche (grün), Fichte (grau) und WLH (blau) in den Altersklassen I und II. Als weitere Baumarten im Unterstand finden sich kleinstflächig Eiche und Kiefer. Sowohl Laubholz als auch Nadelholz stammen vorwiegend aus Naturverjüngung, Pflanzungen in Formen von Voranbauten oder Unterbauten fanden sich nur in geringen Umfängen und dienten der Erweiterung des Baumartenspektrums.

1.7 Holzvorrat und Zuwachs

Einheiten:

- Vorratsfestmeter Derbholz (Vfm) = oberirdische Holzmasse mit einem Durchmesser von mehr als 7 cm mit Rinde.
- Erntefestmeter (Efm) = Vorratsfestmeter abzüglich Ernteverlust (von 16%)

Der aktuelle Vorrat beträgt 204 Vfm/ha. Er verteilt sich auf die einzelnen BAG wie folgt:

Baumartengruppe	Kiefer	Lärche	Fichte	Eiche	Buche	HLH	WLH	Summe
Vorrat insg.(Vfm)	44805	7177	39256	37677	9579	13155	7008	158658
Vorrat/ha (Vfm/ha)	244	186	221	203	181	157	122	204

6

Anhang 2.7 Schriftsatz Forsteinrichtung Stadtwald Gera (ROPTE, 2016, S. 7)

Der laufende jährliche Zuwachs beträgt 6,7 Vfm/J/ha (5,6 Efm/J/ha).

1.8 Waldschäden

Die Ergebnisse der aufgenommen Waldschäden sollen im Folgenden dargestellt werden.

Als nachgewiesene Schadarten fanden sich im Oberstand:

Splitter 2,51 ha (Intensitätsstufe 1-5);
Verbiss- und Fegeschäden 5,12 ha (IS 1-4);
Pilzschäden 0,67 ha (IS 1-2);
Schneeschäden 0,05 (IS 2) sowie
Sonstiges 1,53 (IS 1-2).

Die Waldschäden im Unterstand sind vorwiegend durch Verbiss- und Fegeschäden an Laubhölzern und im geringen Umfang an Weißtanne und Douglasie auf einer Fläche von 34,05 ha (IS 1-5) sowie durch Schütte auf 0,91 ha (IS 4) geprägt. Der Anteil an Verbiss findet sich vorwiegend auf den Flächen, welche nicht in der Regiejagd der Stadt stehen. Das waldbauliche Ziel einer natürlichen und artenreichen Verjüngung und Überführung in einen strukturreichen Waldbestand ist hierdurch in diesen Bereichen gefährdet. Ein Dialog zwischen Waldeigentümer und Jagdausübungsberechtigten mit nachfolgender Änderung der Jagdstrategie ist hier dringend zu empfehlen.

2. ABGELAUFENER FORSTEINRICHTUNGSZEITRAUM

Die Folgenden Feststellungen können aus den Ergebnissen der aktuellen Forsteinrichtung getroffen werden:

- Im Betrieb ist die Pflegesituation vor allem in den jungen Beständen gut. Der mittlere Bestockungsgrad des Gesamtbetriebes liegt bei 0,7.
- Pflegepotentiale finden sich vorwiegend in sehr jungen, sowie schwer befahrbaren Beständen als auch auf Splitterflächen.
- Die Bestände vorwiegend im Bereich des Stadtwaldes sind durch die letzten großen Stürme stark in Mitleidenschaft gezogen wurden, was deutlichen Einfluss auf die Vorratssituation hat.
- Zur Sicherung der Bestandesstabilität orientierten sich alle Eingriffe an der Förderung von Z-Bäumen.
- Die Erschließungssituation in den größeren Waldkomplexen kann als abgeschlossen angesehen werden. Eine Anbindung an das öffentliche Straßennetz ist gegeben.
- Die kleineren zum Stadtwald gehörenden Splitterflächen befinden sich meist inmitten von Fremdbesitz, was sich nachteilig auf eine wirtschaftliche Nutzung auswirkt.

7

Anhang 2.8 Schriftsatz Forsteinrichtung Stadtwald Gera (ROPTE, 2016, S. 8)

3 PLANUNG FÜR DAS KOMMENDE JAHRZEHNT

3.1 Rahmenvorgaben und Ziele des Waldbesitzers

Grundlage für die Planung sind die gesetzlichen Vorgaben nach Maßgabe des ThürWaldG (§§ 10, 18, 19, 21, 23 und 24. Als Wirtschaftsziel der Stadt Gera gilt folgendes:

Als langfristiges Ziel wird ein artenreicher Wald aus standortsgerechten Baumarten mit dauerwaldartigen Strukturen angestrebt. Dieser Wald soll eine möglichst hohe Wertleistung erbringen und alle Waldfunktionen unter angemessener Beachtung der Erholungs- und Schutzfunktionen möglichst optimal bereitstellen.

Die waldbaulichen Ziele und das grundsätzliche Vorgehen orientieren sich an den Planungsgrundsätzen für die Forsteinrichtung des Staatswaldes im Thüringer Forstamt Weida. Diese wurden für den Stadtwald Gera in einigen wenigen Punkten angepasst.

3.2 Bestandespflege und Verjüngung im Forsteinrichtungszeitraum

Die Abbildung zeigt, in welcher Entwicklungsphase des Altersklassenwaldes die nachfolgend betrachteten Maßnahmen vorgenommen werden.

Bestandesentwicklung und Pflegemaßnahmen

Wuchs-klasse	Jungwuchs	Dickung	Stangenholz	schwaches Baumholz	mittleres Baumholz	starkes Baumholz
Waldbauliche Maßnahmen	Jungwuchs-pflege	Dickungspflege	Jungbestands-pflege	Durchforstung		Verjüngungs-Nutzung
		Ästung				

3.2.1 Bestandespflege und Pflegenutzung

Jungwuchspflege	Dickungspflege	Jungbestandspflege		Durchforstung		Wertästung	Schälschutz
(ha)	(ha)	(ha)	(Efm/ha)	(ha)	(Efm/ha)	(ha)	(ha)
11,69	79,48	24,15	5	597,73	45	7,78	0

Jungwuchspflege- bzw. Dickungspflegemaßnahmen sind auf zusammen 91,17 ha vorgesehen. Sie dienen der Standraum- und Mischungsregulierung. Insbesondere hier ist die Erhaltung des Bestandesschlusses zu beachten um die Bodenvegetation zurück zu drängen.

Anhang 2.9 Schriftsatz Forsteinrichtung Stadtwald Gera (ROPTE, 2016, S. 9)

Das Vorgehen sollte insgesamt eher extensiv sein und erfordert gerade in Mischbeständen eine solide fachliche Anleitung.

Die **Jungbestandspflege** soll auf 24,15 ha mit einer durchschnittlichen Entnahmemenge von 5 Efm/ha durchgeführt werden, welche jedoch in Abhängigkeit vom Bestand variieren kann. Das anfallende Derbholz verbleibt meist als sogenanntes X-Holz im Wald oder wird an Selbstwerber vergeben. Der selektive Eingriff erfolgt dabei als Negativauslese im Laubholz, im Nadelholz sollen schon die Z-Bäume gefördert werden. Eine Z-Baum-Auslese im Laubholz beginnt je nach Standort erst bei einer grünastfreien Stammlänge von 8 bis 10 Metern. Die Anzahlen der Z-Bäume sollen dabei im Nadelholz 80 Stück/ha und im Laubholz 40 bis 60 Stück/ha nicht überschreiten.

Die **Durchforstung** entfällt auf 597,73 ha mit einer Entnahmemenge von durchschnittlich 45 Efm/ha. Für etwa 130 ha werden zwei Eingriffe im Jahrzehnt empfohlen. Eine dringende Umsetzung sollte auf etwa 86 ha erfolgen. Die Durchforstung dient stets der Fortführung der Z-Baumförderung.

Im Rahmen der geplanten Pflegenutzungen (Jungbestandespflege und Durchforstung) ist mit einem Holzaufkommen von insgesamt 26837 Efm zu rechnen. Die dominierenden Baumarten sind dabei Fichte (8418 Efm) vor Kiefer (7795 Efm) und Eiche (5299 Efm).

Weiterhin wurde Wertastung auf einer Fläche von 7,78 ha und hier vorwiegend an Vogelkirschen geplant. Die Wertastung dient dabei der weiteren Wertentwicklung der Einzelbäume bzw. der Bestände.

3.2.2 Verjüngungsnutzung und Verjüngungsplanung

Verjüngungsnutzung

Die Verjüngungsnutzung nimmt im Stadtwald im Verhältnis zur Pflegenutzung etwa 6% zu 94% ein. Sie wurde vorwiegend als Einzelstammnutzung und Plenterhieb (in ungleichaltrigen Beständen) geplant. Hinzu kommt die Nutzung der Restvorräte, die keinen Flächenanteil haben. Das anfallende Derbholz von 1623 Efm besteht überwiegend aus Hartlaubholz, Fichte und Eiche. Bei den Verjüngungsnutzungen überschreitet die Nutzungsmenge stets den Zuwachs um Vorrat und B° abzusenken und dadurch die Verjüngung einzuleiten oder den schon vorhandenen Unterstand weiter zu fördern. Es gilt dabei, den Oberstand nur mäßig möglichst auf einen Bestockungsgrad von nicht unter 0,5 aufzulichten, um die Bestände mit dosierten Lichtgaben langfristig in dauerwaldartige Strukturen zu überführen.

Verjüngungsplanung

Auf 12,67 ha ist Verjüngung geplant. Es überwiegt die Ergänzung mit 6,26 ha. Hinzukommen Naturverjüngung, Wiederaufforstung, Voranbau und Nachbesserung. Entscheidend für die Baumartenwahl, hier wurde eine große Spreite an verschiedenen Laub- und Nadelhölzern berücksichtigt, sind die standörtlichen Gegebenheiten und bei der Naturverjüngung vor allem der vorhandene Oberstand.

3.3 Hiebssatz, Ergebnis der Nachhaltkontrolle und Umsetzung von Zielen

Als Ergebnis der bestandsweisen waldbaulichen Einzelplanung ergibt sich für den Wald der Stadt Gera ein Hiebssatz von **3,8 Efm/J*ha.** Dies entspricht einer jährlichen Entnahmemenge von rund 2846 Efm. Sie verteilt sich auf die einzelnen BAG wie in der folgenden Tabelle dargestellt (s.a. Tab 1.1 Hauptergebnisse der Forsteinrichtung; Angaben in Erntefestmeter):

9

Anhang 2.10 Schriftsatz Forsteinrichtung Stadtwald Gera (ROPTE, 2016, S. 10)

Baumartengruppe																	
Kiefer		Lärche		Fichte		Eiche		Buche		HartLH		WeichLH		Summe		%	
PN	VN	PN	VN	PN	VN	PN	VN	PN	VN	PN	VN	PN	VN	PN	VN	PN	VN
7.795	110	1.279	16	8.418	368	5.299	323	937	147	1.651	448	1.457	213	26.837	1.623	94	6
7.905		1.295		8.786		5.622		1.084		2.098		1.670		28.460		100	

Damit ergibt sich für den Wald der Stadt Gera folgendes:

Hiebssatz je Jahr und ha Holzbodenfläche 3,8 Efm/J*ha

Laufender jährlicher Zuwachs 5,6 Efm/J*ha (6,7 Vfm/J*ha).

Die wesentlichen Kennziffern zur Beurteilung von Hiebssatz, Nutzungs- und Pflegeplanung im Altersklassenwald zeigt nachstehende Übersicht:

Waldbauliche Einzelplanung (Efm/J*ha)	3,8
Laufend jährlicher Zuwachs (Efm/J*ha)	5,6
Aktueller Vorrat (Vfm/ha)	204
Vorrat in 10 Jahren (Vfm/ha)	226
Beplante Fläche (ha)	727,43
Anteil beplante Fläche an der Holzbodenfläche (%)	98
Durchschnitt. Durchforstungsmenge/ha	45
Durchschnitt. Verjüngungsnutzungsmenge/ha	52
Durchschnittlicher Bestockungsgrad im Oberstand	0,7
Fläche ISF 0 und 1	53,09
Anteil ISF 0 und 1 an der Holzbodenfläche (%)	7,1
Unterstand (ha)	363,32

Der Vergleich von Hiebssatz und laufendem jährlichen Zuwachs zeigt eine Vorratsanreicherung von 204 Vfm/ha auf 226 Vfm/ha bei einer vollständigen Umsetzung der Planvorgaben.

Die geplanten Entnahmemengen bei den Durchforstungen als auch in den Verjüngungsnutzungen liegen durchschnittlich zwischen 45 und 52 Efm/ha. Durch die einzelbestandsweise Planung wird sichergestellt, dass die Eingriffsstärke an die jeweilige Bestandessituation angepasst ist.

Während in der Jungbestandspflege noch die Erschließung und die Standraum- und Mischungsregulierungen im Vordergrund stehen, orientieren sich die weiteren Pflegemaßnahmen ausschließlich an der Förderung von Z-Bäumen. Die Eingriffe sind so durchzuführen, dass der Wertzuwachs genau auf diese Bäume gelenkt wird.

Die geplanten Entnahmemengen erfordern je nach um Umfang ein oder zwei Eingriffe während der Planungsperiode.

Im Stadtwald Gera wird der größte Teil des Holzes im Rahmen von Pflegemaßnahmen geerntet (94 %).

Die Planung ist insgesamt nachhaltig.

10

Anhang 2.11 Schriftsatz Forsteinrichtung Stadtwald Gera (ROPTE, 2016, S. 11)

4 NATURSCHUTZ

4.1 Schutzgebiete nach ThürNatG

Im Stadtwald Gera finden sich sowohl Flächen mit einem Schutzstatus nach Thüringer Naturschutzgesetz wie Landschaftsschutzgebiete (452,66 ha) und Naturdenkmale (4,46 ha) als auch besonders geschützte Biotope (30,01 ha).

4.2 NATURA-2000 Gebiete und deren Entwicklung

Der Kommunalwald der Stadt Gera liegt mit einer Fläche von 69,84 ha in FFH-Gebieten und mit 4,63 ha im Europäischen Vogelschutzgebiet. Die Waldeinteilung orientierte sich sowohl in, als auch außerhalb der N2000-Gebiete an dem Vorkommen von Waldlebensraumtypen (WLRT), deren Erhaltung, Gestaltung und Neuanlage.

Die forstliche Bewirtschaftung der Waldflächen auf allen NATURA 2000-Gebieten muss so erfolgen, dass die o. g. Erhaltungsziele realisiert werden. Im NATURA 2000-Gebiet sind hierzu die grundsätzlichen Maßgaben gemäß § 26 a Abs. 2 ThürNatG („Allgemeines Verschlechterungsverbot") und gemäß § 34 BNatSchG i. V. m. § 26 b ThürNatG (Verträglichkeitsprüfung) zu beachten.

Die Planung der Nutzungs- und Verjüngungsmaßnahmen im Rahmen der Forsteinrichtung für die Waldbestände, die zu NATURA 2000-Gebieten gehören, erfolgte unter besonderer Berücksichtigung der o. g. Erhaltungsziele. Insbesondere in den Waldbeständen, die als FFH-Lebensraum erfasst wurden, erfolgte die Maßnahmenplanung so, dass diese zu keiner „Verschlechterung" führen können (z. B. Verzicht auf Räumungen oder flächigen Verjüngungsnutzungen und den Erhalt von Habitatbäumen).

Die im Zuge der Forsteinrichtung erhobenen Inventur- und Planungsdaten für die Waldflächen in dem NATURA 2000-Gebiet dienen gleichzeitig als Grundlage für die Erstellung des Fachbeitrages Wald zum Managementplan.

Anhang 3 Kurzlebenslauf

Maurice Schäfer

> Studierender Forstwirtschaft und Ökosystemmanagement
> Einsatzleiter Forst und Baumpflege
> FLL-zertifizierter Baumkontrolleur

Endschütz, 74a
07570 Endschütz

0160 94829198
schaefer.baldauf-gmbh@gmx.de

ERFAHRUNGEN

ab 01/2023
Fachhochschule Erfurt

Bachelorthesis

ab 12/2021
Baldauf GmbH Forst- und Baumpflegebetrieb

Einsatzleiter Forst- und Baumpflege

- neben Tätigkeit in der Baumkontrolle auch Einsatzleitertätigkeit studienbegleitend vorrangig in vorlesungsfreien Zeit

ab 09/2021
Baldauf GmbH Forst- und Baumpflegebetrieb

FLL-zertifizierter Baumkontrolleur

- im September 2021 erfolgreicher Abschluss der Ausbildung zum FLL-zertifizierten Baumkontrolleur
- ab 09/2021 Tätigkeit in der Baumkontrolle studienbegleitend vorrangig in vorlesungsfreien Zeit

ab 10/2019
Baldauf GmbH Forst- und Baumpflegebetrieb

Praxissemester & Betriebspraktika

- in der vorlesungsfreien Zeit konnte im Ausbildungsbetrieb Berufserfahrung im Bereich der Forst- und Baumpflegebranche erlangt werden

BILDUNGSWEG

ab 10/2019
Fachhochschule Erfurt

Duales Bachelor-Studium Forstwirtschaft & Ökosystemmanagement

06/2019-08/2019
ThüringenForst AöR

Vorpraktikum zum Studium

06/2019
Georg-Samuel Dörffel-Gymnasium, Weida

Allgemeine Hochschulreife

Durchschnittsnote: 1,9

Anhang 4 Definition Habitatbaum (KROIHER, 2017)

Anlage 7: Definition Habitatbaum

Es gibt keinen Schwellenwert für einen Eingangsdurchmesser. Dieser kann ggf. aus der WZP 4 nachträglich hergeleitet werden.

Habitatbäume sind lebende Bäume. Es reicht ein lebender Zweig. Eine gleichzeitige Aufnahme als Totholz ist in jedem Fall ausgeschlossen.

Merkmal (Mehrfachattribuierung möglich)	BWI-Kriterien
Höhlenbäume	Mind. 1 Höhle, die von Spechten angelegt oder durch Ausfaulen von Ästen entstandenen ist
Besondere Habitatbaummerkmale	Lebende Bäume mit BHD ≥ 40 cm (wird aus WZP ggf. bei Auswertung herausgefiltert) • mit Stammfäule > 500 cm² im Holzkörper • mit sich lösender Rinde oder Rindentaschen > 500 cm², Mindestbreite 10 cm • mit großem Pilzkörper wie Konsolenpilze u. ä. • mit ein- bzw. ausgefaulter Stammverletzung oder Mulmhöhle, die groß genug ist für einen Unterarm • mehr als ein Drittel der Lichtkrone abgestorben • 3 starke Totholzäste (> 20 cm Durchmesser und > 1,3 m Länge (geschätzt)) im unteren Kronenbereich • Schleim-, Saftfluss > 50 cm Länge an Laubbäumen
Horstbäume	Bäume mit Mittel- oder Großhorst, der oft über viele Jahre besiedelt wird und daher eine Nutzung des Baumes mittelfristig ausschließt (mindestens 50 cm geschätzter Horstdurchmesser bzw. mind. Bussardnestgröße)
Altbäume Buche, Eiche, Bergahorn, Spitzahorn, Esche, Linde, Pappel, Nadelbäume: ≥ 80 cm BHD Alle andere Arten: ≥ 40 cm BHD	Lebende Uraltbäume („Methusaleme"), d. h. Bäume, die aufgrund ihres hohen Alters oder ihrer großen Dimensionen mit hoher Wahrscheinlichkeit bereits holzentwertende Fäulen oder Falschkerne aufweisen. Das spätestmögliche Nutzungsalter ist in jedem Fall bereits überschritten; Merkmal wird aus dem BHD der WZP 4 abgeleitet. Methusaleme lt. LANA-FCK werden aus WZP herausgefiltert.

Anhang 5Basisszenario „Tradierte Forstwirtschaft" ungekürzt (Quelle: (ThüringenForst AöR.))

FWJ (a)	HBF (ha)	Holzeinschlag (Efm/ha HBF)	Ertrag PB 2 (€/ha HBF)	Aufwand PB 2 (€/ha HBF)	Ergebnis PB 2 (€/ha HBF)	Betriebsertrag (€ gesamt)	Betriebsertrag2 (€/ha HBF)	Betriebsaufwand (€ gesamt)	Betriebsaufwand2 (€/ha HBF)	Betriebsergebnis (€/ha HBF)
							(H/B)		(J/B)	(I-K)
2004	690	6,0	0,00	20,26	-20,26	192.570	279,09	192.869	279,52	- 0,43
2005	697	5,1	0,00	0,00	0,00	261.623	375,36	208.468	299,09	76,26
2006	697	6,0	0,00	0,00	0,00	398.216	571,33	268.315	384,96	186,37
2007	732	5,1	0,00	0,00	0,00	491.040	670,82	306.409	418,59	252,23
2008	732	5,7	0,00	0,00	0,00	679.754	928,63	320.458	437,78	490,84
2009	733	5,8	0,00	0,00	0,00	747.958	1.020,41	302.213	412,30	608,11
2010	738	4,8	1,58	0,00	1,80	849.143	1.150,60	290.416	393,52	757,08
2011	738	5,6	2,16	0,00	2,16	1.054.048	1.428,25	328.643	445,32	982,93
2012	751	8,6	48,96	0,00	48,96	1.464.295	1.949,79	434.401	578,43	1.371,36
2013	751	4,8	0,00	0,00	0,00	1.470.863	1.958,54	324.790	432,48	1.526,06
2017	751	3,4	0,00	0,00	0,00	157.271	209,42	81.675	108,75	100,66
Basisszenario		**5,5**	**4,79**	**1,84**	**2,97**	**706.071**	**958,38**	**278.060**	**380,98**	**577,41**
(Arithmetische Mittelwerte)										

Anhang 6 Testbetriebsvergleich (Quelle: (BMEL))

FWJ	Ergebnis PB 2 (€/ha HBF)	Betriebsergebnis absol (€/Betr.)	durchschnittl. HBF (ha/Betr.)	Betriebsergebnis (€/ha HBF) mit Subventionen
2007	-6	89.379	730	122,44
2008	-3	68.484	730	93,81
2009	-8	21.908	726	30,18
2010	-6	72.019	723	99,61
2011	-7	101.801	714	142,58
2012	-13	92.182	716	128,75
2013	-12	81.705	717	113,95
2017	-5	68.821	715	96,25
Testbetriebsdurchschnitt:	**-7,5**	**74.537**	**721**	**103,45**
Arithmetische Mittelwerte teilnehmender Testbetriebe				
Körperschaftswald 500 bis 1000 ha				

Anhang 7 Urdaten Aufnahme Projektszenario A (Quelle: eigene Daten)

Nr.	Waldadresse	Baumart	Zustand		BHD	kein Habitatbaum	Habitatbaum				Merkmal / Bemerkung
			lebend	tot	in cm	deshalb Anwärter	Ursache Mikrohabitat (falls G nicht zutreffend)				
							Verletzung	Aktivität Tier/Pflanze	Wuchs-störung	Eigenart Baum	
A	B	C	D		F	G	H	I	J	K	L
1	20 a5	BAH	x		9	x					
2	20 a5	BAH	x		9	x					
3	20 a5	BAH	x		8	x					
4	20 a5	BAH	x		9	x					
5	20 a5	BAH	x		8		x				Rindenschaden, umgebogen
6	20 a5	BAH	x		7		x				abfallende Rinde
7	20 a5	BAH	x		8	x					
8	20 a5	BAH	x		8	x					
9	20 a5	BAH	x		8	x					
10	20 a5	BAH	x		11		x		x		absterbende Krone
11	20 a5	BAH	x		7	x					
12	20 a5	BAH	x		7		x				Betriebsvollzugsschaden
13	20 a5	BAH	x		7	x					
14	20 a5	BAH	x		8		x				Betriebsvollzugsschaden
15	20 a5	PA		x	13		x		x		abgestorben, Fäule, Pilz
16	20 a5	BAH	x		8	x					
17	20 a5	BAH	x		14		x		x		absterbende Krone
18	20 a5	BAH	x		8		x				Fäule
19	20 a5	BAH	x		7	x					
20	20 a5	BAH	x		9	x					
21	20 a5	BAH	x		8	x					
22	20 a5	BAH	x		8	x					
23	20 a5	KB	x		7	x					
24	20 a5	BAH	x		8		x				Rindenschaden, umgebogen
25	20 a5	BAH	x		8	x					
26	20 a5	BAH	x		7		x				Astabbruch
27	20 a5	BAH	x		7	x					

Nr.	Waldadres	Baum	Zustand		BHD	kein Habitatba	Habitatbaum				Merkmal / Bemerkung
			lebend	tot	in cm	deshalb Anwärte	Ursache Mikrohabitat (falls G nicht zutreffend)				
							Verletzung	Aktivität Tier Pflanze	Wuchs-störung	Eigenart Baum	
A	B	C	D			G	H	I	J	K	L
28	20 a5	BAH		x	11		x		x		abgestorben, abfallende Rinde
29	20 a5	BAH	x		9	x					
30	20 a5	BAH	x		7		x				Astabbruch
31	20 a5	BAH	x		8	x					
32	20 a5	BAH	x		7	x					
33	20 a5	BAH	x		8		x				Rindenschaden
34	20 a5	BAH	x		10		x				Astausfaulung
35	20 a5	BI	x		10	x					
36	20 a5	BAH	x		9	x					
37	20 a5	BAH	x		9		x				Astausfaulung
38	20 a5	BAH	x		9		x				Rindenschaden
39	20 a5	BAH	x		8	x					
40	20 a5	BAH	x		11	x					
41	20 a5	BAH	x		10		x				Astausfaulung
42	20 a5	BAH	x		8	x					
43	20 a5	BAH	x		8		x				absterbende Krone
44	20 a5	BAH	x		7	x					
45	20 a5	BAH	x		8		x				abfallende Rinde
46	20 a5	BAH	x		7		x				Rindenschaden
47	20 a5	BAH	x		9		x				Betriebsvollzugsschaden
48	20 a5	BAH	x		9		x				abfallende Rinde
49	20 a5	BAH	x		8	x					
50	20 a5	BAH	x		8	x					
51	20 a5	BAH	x		7	x					
52	20 a5	BAH	x		8	x					
53	20 a5	BAH	x		7		x				Astabbruch, -ausfaulung
54	20 a5	BAH	x		10		x				Astabbruch, -ausfaulung
55	20 a5	BAH	x		7		x				Astabbruch, abfallende Rinde

Nr. +L	Waldadres	Baum	Zustand		BHD	kein Habitatba	Habitatbaum				Merkmal / Bemerkung
			lebend	tot	in cm	deshalb Anwärte	Ursache Mikrohabitat (falls G nicht zutreffend)				
							Verletzung	Aktivität Tier Pflanze	Wuchs-störung	Eigenart Baum	
A	B	C	D			G	H	I	J	K	L
56	20 a5	HBU	x		9	x					
57	20 a5	BAH		x	18		x		x		abfallende Rinde, Rissbildung
58	20 a5	BAH	x		10		x				abfallende Rinde
59	20 a5	BAH	x		7	x					
60	20 a5	BAH		x	9		x		x		abfallende Rinde
61	20 a5	BAH	x		9	x					
62	20 a5	BAH	x		9	x					
63	20 a5	BAH	x		8	x					
64	20 a5	BAH	x		11		x				abfallende Rinde
65	20 a5	BAH	x		7		x				abfallende Rinde
66	20 a5	HBU	x		9	x					
67	20 a5	BAH		x	9		x		x		absterbend
68	20 a5	BAH		x	7		x		x		abgestorben
69	20 a5	BAH		x	13		x		x		abgestorben
70	20 a5	BAH		x	9		x		x		abgestorben
71	20 a5	BAH		x	7		x			x	abgebrochen
72	20 a5	BAH	x		7	x					
73	20 a5	BAH	x		7	x					
74	20 a5	BAH		x	7		x		x		abgestorben
75	20 a5	HBU	x		9	x					
76	20 a5	BAH	x		10	x					
77	20 a5	BAH	x		7	x					
78	20 a5	BAH	x		8	x					
79	20 a5	BAH	x		8	x					
80	20 a5	BAH	x		7	x					
81	20 a5	BAH	x		7		x				Astabbruch
82	20 a5	BAH	x		8	x					

Nr.	Waldadres	Baum	Zustand		BHD	kein Habitatba	Habitatbaum				Merkmal / Bemerkung
			lebend	tot	in cm	weshalb Anwärte	Ursache Mikrohabitat (falls G nicht zutreffend)				
							Verletzung	Aktivität Tier Pflanze	Wuchs-störung	Eigenart Baum	
A	B	C	D		F	G	H	I	J	K	L
83	20 a5	BAH		x	10		x		x		abgestorben
84	20 a5	BAH	x		9		x				Rindenschaden
85	20 a5	BAH	x		9	x					
86	20 a5	BAH		x	10		x		x		abgestorben
87	20 a5	HBU	x		7	x					
88	20 a5	BAH		x	7		x		x		abgestorben
89	20 a5	BAH		x	7		x		x		abgestorben
90	20 a5	BAH	x		8	x					
91	20 a5	BAH	x		9	x					
92	20 a5	BAH	x		7	x					
93	20 a5	BAH	x		11		x	x			abfallende Rinde, Bohrlöcher
94	20 a5	BAH		x	12						abgestorben
95	20 a5	BAH	x		7		x				Rindenschaden
96	20 a5	BAH	x		8		x				abfallende Rinde
97	20 a5	PA		x	13		x	x	x		Fäule, abgestorben, Insekten
98	20 a5	BAH	x		9		x				Rindenschaden
99	20 a5	BAH	x		9		x		x		Astabbruch, -ausfaulung
100	20 a5	BAH	x		9	x					

Anhang 8 Urdaten Aufnahme Projektszenario B (Quelle: eigene Daten)

Nr.	Adresse	Baumart	Zustand		BHD	Merkmalsausprägung							Merkmal / Bemerkung
	Wald-adresse		lebend	tot	in cm	bizarre Form mit naturschutzfachl. Wert	Eignung als Horst-/ Höhlenbaum	Faul-stellen	ab-fallende Rinde	Pilz-konsolen	Blitz-schäden	abge-brochene Kronen/-teile	
A	B	C	D	I	F	G	H	I	J	K	L	M	N
1	20 a2	BI	x		35			x	x				Betriebsschaden
2	20 a2	REI	x		39		x					x	Anflugschneise, großkronig
3	20 a2	REI	x		52		x						Anflugschneise, großkronig
4	20 a2	FI		x	46		x		x				Borkenkäfer
5	20 a2	FI		x	53		x		x				Borkenkäfer
6	20 a2	REI	x		50		x						Anflugschneise, großkronig
7	20 a2	FI		x	47		x	x	x				Borkenkäfer, abgebrochen
8	20 a2	EI			38		x						Anflugschneise, großkronig
9	20 a2	EI	x		52		x						Anflugschneise, großkronig
10	20 a2	BAH	x		37							x	
11	20 a2	FI		x	43				x				Borkenkäfer
12	20 a2	EI	x		50		x					x	Anflugschneise, großkronig
13	20 a2	EI	x		37		x						Anflugschneise, großkronig
14	20 a2	BI	x		38							x	
15	20 a6	EI	x		51		x					x	Anflugschneise, großkronig
16	20 a6	BI	x		44		x	x					
17	20 a6	BI	x		45		x	x				x	
18	20 a6	REI	x		86		x					x	Anflugschneise, großkronig
19	20 a6	REI	x		105		x	x				x	Anflugschneise, großkronig
20	20 a6	FI	x		51			x					Rotfäule
21	20 a6	BI	x		46							x	
22	20 a6	BI	x		49		x						Anflugschneise, großkronig
23	20 a7	BI	x		44			x				x	
24	20a7	BI	x		47			x				x	Betriebsschaden, absterbende Krone
25	20 a7	BI	x		39		x					x	
26	20 a7	BI	x		36	x		x					Verkrebsung, Moos, Höhlenstrukturen
27	20 a7	BI	x		46			x				x	
28	20 a8	BU	x		69	x		x	x			x	
29	20 a8	BU	x		73	x		x	x			x	
30	20 a8	BU	x		68		x	x	x			x	
31	20 a7	FI	x		41	x		x					Efeu
32	20 a7	BI	x		53			x				x	
33	20 a8	BAH	x		81			x	x			x	
34	20 a8	BAH	x		65		x						Anflugschneise, großkronig
35	20 a8	EI	x		73		x					x	Anflugschneise, großkronig
36	20 a8	EI	x		77			x					
37	20 a7	BI	x		37			x				x	
38	20 a7	BI	x		46			x				x	
39	20 a7	BI	x		39		x	x					
40	20 a7	BI	x		42		x					x	
41	20 a7	ELA	x		47				x				absterbend, nur noch Wasserreißer
42	20 a7	FI		x	38				x				Borkenkäfer
43	20 a7	BI	x		42		x					x	Anflugschneise, großkronig
44	20 a7	FI		x	40				x				Borkenkäfer
45	20 a10	BI	x		36							x	
46	20 a10	BI	x		42			x				x	
47	20 a11	EI	x		44			x				x	
48	20 a11	EI	x		43			x				x	

Nr.	Adresse	Baumart	Zustand		BHD	Merkmalsausprägung							Merkmal / Bemerkung
	Wald-adresse		lebend	tot	in cm	birarre Form mit naturschutzfachl. Wert	Eignung als Horst-/ Höhlenbaum	Faulstellen	abfallende Rinde	Pilzkonsolen	Blitzschäden	abgebrochene Kronen/-teile	
A	B	C	D	I	F	G	H	I	J	I	L	M	N
73	20 a7	BI	x		35		x					x	
74	20 a7	FI		x	42				x				Borkenkäfer
75	20 a7	BI	x		41			x					
76	20 a7	BI	x		41							x	absterbende Krone
77	20 a7	BI	x		43		x	x					Anflugschneise, großkronig
78	20 a6	KI		x	37				x			x	abgestorben
79	20 a6	FI		x	48				x				Borkenkäfer
80	20 a6	BI	x		53		x					x	Anflugschneise, großkronig
81	20 a6	BI	x		51			x				x	absterbende Krone, Insekten
82	20 a6	FI	x		46			x					Rotfäule
83	20 a6	BI	x		40		x	x					Stockfäule
84	20 a4	FI		x	38				x				Borkenkäfer
85	20 a4	BU	x		68		x	x				x	Anflugschneise, großkronig
86	20 a4	EI	x		52		x					x	
87	20 a4	EI	x		51							x	
88	20 a4	EI	x		44			x				x	
89	20 a4	EI		x	40			x	x			x	komplett abgebrochen
90	20 a4	ELA		x	35		x		x				Trockenschaden oder Insektenbefall
91	20 a4	EI	x		39	x	x	x					Rissstruktur
92	20 a4	BU	x		61		x					x	
93	20 a4	ELA	x		65	x	x	x					Höhlungen und Insekten
94	20 a4	BU	x		77	x		x				x	
95	20 a4	BU		x	69		x	x		x		x	komplett abgebrochen
96	20 a4	EI	x		48		x		x				Rindenschaden
97	20 a4	EI	x		43	x		x					Wasserreißer, Krebsstruktur mit Einfaulung
98	20 a4	BU	x		51	x		x		x			Zwiesel mit Rindentasche
99	20 a4	BU	x		82			x				x	
100	20 a4	BU	x		74	x		x				x	Spechtlöcher

Anhang 9 Herleitung Einnahmen Projektszenario A (BMEL, 2022 a)

Bezug	Einheit	Zeile	Berechnung	Betrag
Einnahmen Zuwendungsfläche	€/ha	A		18,00
Zuwendungsfläche	ha	B		828,50
Einnahmen gesamt	€	C	A * B	14.913,00
Holzbodenfläche	ha	D		743,23
Einnahmen Holzboden	€/ha	E	C/D	20,07

Anhang 10 Herleitung Aufwand Projektszenario A

Anhang 10. 1 Aufwand A Managementmaßnahmen (Quelle: eigene Erhebungen)

Bezug	Einheit	Zeile	Berechnung	Betrag
Zeit Erstaufnahme	Std./Stk.	A		0,018
Stundensatz Revierleiter	€/Std.	B		68,100
Aufwand Erstaufnahme Habitatbaum	€/Stk.	C	A * B	1,192
Aufwand Nachmarkierung	€/Stk.	D	1/3 * C	0,397
Habitatbäume je Zuwendungsfläche	Stk./ha	E		5,000
Zuwendungsfläche	ha	F		828,500
Habitatbäume gesamt	Stk.	G	E * F	4.143,000
Aufwand gesamt	€	H	(C + D) * G	6.583,227
Holzbodenfläche	ha	I		743,230
A Aufwand Managementmaßnahmen Holzboden	€/ha	J	G / I	**8,858**

Anhang 10. 2 Aufwand B Gebühren PEFC-Fördermodul (PEFC Deutschland e.V., 2022)

Bezug	Einheit	Zeile	Berechnung	Betrag
Gebühren PEFC- Fördermodul Zuwendungsfläche	€/ha	A		3,000
Zuwendungsfläche	ha	B		828,500
Gebühren PEFC- Fördermodul gesamt	€	C	A * B	2.485,500
Holzbodenfläche	ha	D		743,230
B Gebühren PEFC- Fördermodul Holzbodenfläche	€/ha	E	C / E	3,344

Anhang 10. 3 Aufwand C Forst-Markierungsspray (Grube KG, 2023)

Bezug	Einheit	Zeile	Berechnung	Betrag
Menge Farbe 2 Durchgänge im Jahrzehnt	ml / Stk	A		5,000
Habitatbäume gesamt	Stk.	B		4.243,000
Menge "Distein Langzeitfarbe Ergonom" gesamt	ml	C	A * B	21.215,000
Menge "Distein Langzeitfarbe Ergonom" gesamt	Stk.	D	C / 500 ml	42,430
Netto-Preis je Sprühdose ä 500 ml	€/Stk.	E		5,462
Markierungsfarbe Aufwand	€	F	D*E	231,753
Holzbodenfläche	ha	G		743,230
C Forst-Markierungsspray Aufwand Holzbodenfläche	€/ha	H	F / G	**0,312**

Anhang 10.4 Aufwand D Verwaltungskosten (Quelle Zeile H: (PEFC Deutschland eV., 2017); Quelle Zeile I: (PEFC Deutschland eV., 2022))

Bezug	Einheit	Zeile	Berechnung	Betrag
Zeit Digitalisierung	Std./Stk.	A		0,015
Stundensatz Revierleiter	€/Std.	B		68,100
Aufwand Digitalisierung	€/Stk.	C	A * B	1,022
Habitatbäume gesamt	Stk.	D		4.243,000
Aufwand Digitalisierung gesamt	€	E	C * D	4.334,225
Zeit Antragstellung geschätzt	Std.	F		4,000
Aufwand Antragstellung	€	G	B * F	272,400
Zeit Audit	Std./Stk.	H		9,000
voraussichtliche Anzahl Audits	Stk./10 Jahre	I		1,000
Aufwand Audit gesamt	€	J	B * H	612,900
Aufwand Audit, Antragstellung für Kriterium 2.2.8	€	K	∑G, J / 12 Kriterien	73,775
Verwaltungskostenaufwand gesamt	€	L	E + K	4.408,000
Holzbodenfläche	ha	M		743,230
D Verwaltungskostenaufwand Holzboden	€/ha	N	L / M	**5,931**

Anhang 11 **Preisuntergrenzen TF ab 01.01.22 (ThüringenForst AöR., 2022)**

1. Eiche		
Stammholz A	SS mind. 50 % echte über B	
	TS mind. 25 % echte über B	
Stammholz B	2 b	85,00 €/fm
	3 a	140,00 €/fm
	3 b	220,00 €/fm
	4	380,00 €/fm
	5	450,00 €/fm
	6	510,00 €/fm
Stammholz C	2 b	75,00 €/fm
	3 a	100,00 €/fm
	3 b	130,00 €/fm
	4	170,00 €/fm
	5	190,00 €/fm
	6	220,00 €/fm
Eiche Palette		80,00 €/fm
Eiche Schwelle		85,00 €/fm
Eiche Parkett, Qualität 1		95,00 €/fm
Eiche Parkett, Qualität 2		80,00 €/fm
Industrieholz IL/IS-NFK		45,00 €/fm
2. Buche		
Wertholz	SS mind. 50 % echte über B	
	TS mind. 20 % echte über B	
Stammholz B	3b	70,00 €/fm
	4	110,00 €/fm
	5	130,00 €/fm
	6+	135,00 €/fm
Rotkern (bis 2/3) Bk ab 3b	bis minus 25 % echte unter B	
Stammholz C	3b	70,00 €/fm
	4	75,00 €/fm
	5	78,00 €/fm
	6+	80,00 €/fm
Stammholz B/C	2b/3a	72,00 €/fm
	3b	87,00 €/fm
	4	97,00 €/fm
	5	95,00 €/fm
	6	100,00 €/fm
Stammholz B/C/D	3b	65,00 €/fm
	4	73,00 €/fm
	5	75,00 €/fm
	6+	77,00 €/fm
Trockenschaden-Buche		

Stammholz C-		3b+	60,00 €/fm
Schwelle	nach Absprache und Genehmigung durch SG Holzmarkt/ Logistik		
Parkett			70,00 €/fm
Palette		4+	65,00 €/fm
Industrieholz	IL/IS-NFK		55,00 €/fm
Vorsortiertes Industrieholz[1] (zu erfassen und zu buchen unter „Bu-PAK")			70,00 €/fm

3. Bunt- und Weichlaubholz

Industrieholz			40,00 €/fm

4. Fichte

Stammholz	L/ LAS BC	1 a	50,00 €/fm
		1 b	75,00 €/fm
		2 a	90,00 €/fm
		2 b+	105,00 €/fm
	L/ LAS Cs (auch B/C/D)	1 a	45,00 €/fm
		1 b	58,00 €/fm
		2 a	78,00 €/fm
		2 b+	93,00 €/fm
	L/LAS D, PAL bis 3,- mlg.		60,00 €/fm
	über 3,- mlg.	1 a	40,00 €/fm
		1 b	50,00 €/fm
		2 a	60,00 €/fm
		2 b+	70,00 €/fm
	China-Export L	2 b+	90,00 €/fm
	China-Export LAS	2 a+	75,00 €/fm
Industrieholz	IL/IS-N und IL/IS-F nach Absprache und Genehmigung durch SG Holzmarkt/Logistik		
Industrieholz	IS-F/K		23,00 €/rm

5. Kiefer

Stammholz	L/LAS B/C	1 a	40,00 €/fm
		1 b	55,00 €/fm
		2 a	68,00 €/fm
		2 b+	80,00 €/fm
	L/LAS D, PAL bis 3,- mlg.		60,00 €/fm

[1] Vorsortiertes Industrieholz sind Sortimente ausgesuchter Stärkeklassen und/ oder höherer Qualitätsanforderungen als Standard-IL/-IS, bspw. sog. „Automatenholz" oder „Lollyholz".

	über 3,- mlg.	1 a	30,00 €/fm
		1 b	45,00 €/fm
		2 a	56,00 €/fm
		2 b+	66,00 €/fm
Industrieholz	IL/IS-N u. IL/IS-F nach Absprache und Genehmigung durch SG Holzmarkt/Logistik		
	IS-F/K		23,00 €/rm

6. Lärche/Douglasie

Stammholz	L/LAS B/C	1 a	35,00 €/fm
		1 b	55,00 €/fm
		2 a	80,00 €/fm
		2 b-3a	100,00 €/fm
		3b+	110,00 €/fm

Für Douglasien-Stammholz gelten die Lärchenstammholzpreise plus 15 % nominal.

	L/LAS D, PAL bis 3,- mlg.		60,00 €/fm
	über 3,- mlg.	1 a	30,00 €/fm
		1 b	45,00 €/fm
		2 a	55,00 €/fm
		2 b+	65,00 €/fm
Industrieholz	IS-F/K		23,00 €/rm

7. Waldrestholz (Laub- u. Nadelholz zur Brennholzgewinnung)

Laubholz (in Selbstwerbung)	netto	25,00 €/rm (brutto 29,75 €/rm)
Nadelholz (in Selbstwerbung)	netto	15,00 €/rm (brutto 17,85 €/rm)

Anhang 12 **Herleitung Einnahmen Projektszenario B (TMIL, 2020)**

Nr.	Adresse	Baumart	BHD	Volumen Dh	Mindestpreis Industrieholz	Zuschuss Einzelbaum
	Wald-adresse		in cm	in Efm D^2 / 1000 * 0,8	in €/Fm	in € E * F * 1,2
A	B	C	D	E	F	G
1	20 a2	BI	35	0,98	40,00	47,04
2	20 a2	BI	38	1,16	40,00	55,45
3	20 a2	REI	39	1,22	45,00	65,71
4	20 a2	REI	52	2,16	45,00	116,81
5	20 a2	FI	46	1,69	14,95	30,37
6	20 a2	FI	53	2,25	14,95	40,31
6	20 a2	REI	50	2,00	45,00	108,00
7	20 a2	FI	47	1,77	14,95	31,70
8	20 a2	EI	38	1,16	45,00	62,38
9	20 a2	EI	52	2,16	45,00	116,81
11	20 a2	BAH	37	1,10	40,00	52,57
12	20 a2	FI	43	1,48	14,95	26,54
13	20 a2	EI	50	2,00	45,00	108,00
14	20 a2	EI	37	1,10	45,00	59,14
15	20 a2	BI	38	1,16	40,00	55,45
16	20 a6	EI	51	2,08	45,00	112,36
17	20 a6	BI	44	1,55	40,00	74,34
18	20 a6	BI	45	1,62	40,00	77,76
19	20 a6	REI	86	5,92	45,00	319,51
20	20 a6	REI	105	8,82	45,00	476,28
21	20 a6	FI	51	2,08	14,95	37,33
22	20 a6	BI	46	1,69	40,00	81,25
23	20 a6	BI	49	1,92	40,00	92,20
24	20 a7	BI	44	1,55	40,00	74,34
25	20a7	BI	47	1,77	40,00	84,83
25	20 a7	BI	39	1,22	40,00	58,41
26	20 a7	BI	36	1,04	40,00	49,77
27	20 a7	BI	46	1,69	40,00	81,25
28	20 a8	BU	69	3,81	55,00	251,38
29	20 a8	BU	73	4,26	55,00	281,37
30	20 a8	BU	68	3,70	55,00	244,15
31	20 a7	FI	41	1,34	14,95	24,13
32	20 a7	BI	53	2,25	40,00	107,87
33	20 a8	BAH	81	5,25	40,00	251,94
34	20 a8	BAH	65	3,38	40,00	162,24
35	20 a8	EI	73	4,26	45,00	230,21
36	20 a8	EI	77	4,74	45,00	256,13
37	20 a7	BI	37	1,10	40,00	52,57
38	20 a7	BI	46	1,69	40,00	81,25
39	20 a7	BI	39	1,22	40,00	58,41
40	20 a7	BI	42	1,41	40,00	67,74
41	20 a7	ELA	47	1,77	14,95	31,70
42	20 a7	FI	38	1,16	14,95	20,72
43	20 a7	BI	42	1,41	40,00	67,74
44	20 a7	FI	40	1,28	14,95	22,96
45	20 a10	BI	36	1,04	40,00	49,77
46	20 a10	BI	42	1,41	40,00	67,74
47	20 a11	EI	44	1,55	45,00	83,64
48	20 a11	EI	43	1,48	45,00	79,88
49	20 a11	EI	38	1,16	45,00	62,38
50	20 a11	EI	46	1,69	45,00	91,41
51	20 a10	EI	40	1,28	45,00	69,12

51	[illegible]	[illegible]	[illegible]	[illegible]	[illegible]	[illegible]
52	20 a10	EI	44	1,55	45,00	83,64
53	20 a10	EI	42	1,41	45,00	76,20
54	20 a10	EI	43	1,48	45,00	79,88
55	20 a10	EI	37	1,10	45,00	59,14
56	20 a10	EI	42	1,41	45,00	76,20
57	20 a9	EI	36	1,04	45,00	55,99
58	20 a9	EI	54	2,33	45,00	125,97
59	20 a9	KI	37	1,10	14,95	19,65
60	20 a9	KI	35	0,98	14,95	17,58
61	20 a 10	BAH	52	2,16	40,00	103,83
62	20 a10	KI	48	1,84	14,95	33,07
63	20 a10	BU	63	3,18	55,00	209,56
64	20 a10	FI	49	1,92	14,95	34,46
65	20 a6	BI	36	1,04	40,00	49,77
66	20 a5	EI	35	0,98	45,00	52,92
67	20 a6	BI	53	2,25	40,00	107,87
68	20 a6	BI	54	2,33	40,00	111,97
69	20 a6	BI	52	2,16	40,00	103,83
70	20 a6	BI	39	1,22	40,00	58,41
71	20 a6	BI	42	1,41	40,00	67,74
72	20 a6	FI	42	1,41	14,95	25,32
73	20 a7	BI	35	0,98	40,00	47,04
74	20 a7	FI	42	1,41	14,95	25,32
75	20 a7	BI	41	1,34	40,00	64,55
76	20 a7	BI	41	1,34	40,00	64,55
77	20 a7	BI	43	1,48	40,00	71,00
78	20 a6	KI	37	1,10	14,95	19,65
79	20 a6	FI	48	1,84	14,95	33,07
80	20 a6	BI	53	2,25	40,00	107,87
81	20 a6	BI	51	2,08	40,00	99,88
82	20 a6	FI	46	1,69	14,95	30,37
83	20 a6	BI	40	1,28	40,00	61,44
84	20 a4	FI	38	1,16	14,95	20,72
85	20 a4	BU	68	3,70	55,00	244,15
86	20 a4	EI	52	2,16	45,00	116,81
87	20 a4	EI	51	2,08	45,00	112,36
88	20 a4	EI	44	1,55	45,00	83,64
89	20 a4	EI	40	1,28	45,00	69,12
90	20 a4	ELA	35	0,98	14,95	17,58
91	20 a4	EI	39	1,22	45,00	65,71
92	20 a4	BU	61	2,98	55,00	196,47
93	20 a4	ELA	65	3,38	14,95	60,64
94	20 a4	BU	77	4,74	55,00	313,05
95	20 a4	BU	69	3,81	55,00	251,38
96	20 a4	EI	48	1,84	45,00	99,53
97	20 a4	EI	43	1,48	45,00	79,88
98	20 a4	BU	51	2,08	55,00	137,33
99	20 a4	BU	82	5,38	55,00	355,03
100	20 a4	BU	74	4,38	55,00	289,13

	Volumen Dh	Mindestpreis Industrieholz	Zuschuss Einzelbaum
	in Efm	in €/Fm	in €
Mittelwerte:	2,03	38,01	99,04
Summe:	205,23		10.002,61

Baumart/ Baumartengruppe	Mindestpreis Industrieholz
Umrechnung Rm--> Fm: *0,65	in €/Fm
Eiche	45,00
Buche	55,00
Bunt- und Weichlaubholz	40,00
Fichte	14,95
Kiefer	14,95
Lärche/Douglasie	14,95

Bezug	Einheit	Zeile	Berechnung	Betrag
Einnahmen gesamt Flächenversuch	€	A		10.002,61
Auszeichnungsfläche	ha	B		24,25
Einnahmen Auszeichnungsfläche	€/ha	C	A / B	412,48

Anhang 13 **Herleitung Aufwände Projektszenario B (Quellen: eigene Daten; (Grube KG, 2023); (Landesregierung Brandenburg, 2023); (GROßE WIENKER, 2021))**

Bezug	Einheit	Zeile	Berechnung	Betrag
Zeit Erstaufnahme	Std./Stk.	A		0,049
Zeit Nachzeichnung	Std./Stk.	B	A / 3	0,016
Stundensatz Revierleiter	€/Std.	C		68,100
Aufwand Erstaufnahme + Nachzeichnung Habitatbaum	€/Stk.	D	(A + B) * C	4,425
Habitatbäume je Zuwendungsfläche	Stk./ha	E		4,120
Zuwendungsfläche = Holzbodenfläche	ha	F		743,230
A Aufwand Managementmaßnahmen Holzboden	€/ha	G	D * E	**18,231**

Bezug	Einheit	Zeile	Berechnung	Betrag
Menge Markierungsfarbe inkl. einer Nachzeichnung	ml / Stk	A		15,000
Habitatbäume je Zuwendungsfläche	Stk./ha	B		4,120
Zuwendungsfläche = Holzbodenfläche	ha	C		743,230
Menge "Distein Langzeitfarbe Ergonom" gesamt	ml	D	A * B * C	45.931,614
Menge "Distein Langzeitfarbe Ergonom" gesamt	Stk.	E	D / 500 ml	91,863
Netto-Preis je Sprühdose ã 500 ml	€/Stk.	F		5,462
Markierungsfarbe Aufwand	€	G	E * F	501,757
B Forst-Markierungsspray Aufwand Holzbodenfläche	€/ha	H	G / C	**0,675**

Bezug	Einheit	Zeile	Berechnung	Betrag
Zeit Digitalisierung	Std./Stk.	A		0,030
Stundensatz Revierleiter	€/Std.	B		68,100
Aufwand Digitalisierung	€/Stk.	C	A * B	2,043
Habitatbäume je Zuwendungsfläche	Stk./ha	D		4,120
Zuwendungsfläche = Holzbodenfläche	ha	E		743,230
Aufwand Digitalisierung gesamt	€	F	C * D * E	6.255,886
Zeit Antragstellung geschätzt	Std.	G		4,000
Aufwand Antragstellung	€	H	B * G	272,400
Verwaltungskostenaufwand gesamt	€	I	F + H	6.528,286
C Verwaltungskostenaufwand Holzboden	€/ha	J	I / E	**8,784**

Anhang 14 **Eingabe Basisszenario DFWR-Klimarechner (Quellen: (ROPTE, 2016); (DFWR, 2018))**

Eingabe der Forsteinrichtungsdaten

Betriebsdaten	
Objektname	Stadtwald Gera (Basisvariante)
Stichtag der Forsteinrichtungsdaten	01.01.2016

Baumart **Eiche** (sämtliche Eichenarten (*Quercus spec.*))

Altersklasse	[Jahre]	Blöße	0-20	21-40	41-60	61-80	81-100	101-120	121-140	141-160	> 160	SUMME	Hektarwert
Mittlerer BHD*	[cm]	-	10,3	13,6	22,2	27,3	34,1	40,5	45,5	50,4	60,1	-	-
Holzboden	[ha]	0,1	20,1	8,4	8,1	38,1	23,4	49,0	12,6	11,6	6,9	178,4	-
Vorrat Derbholz	[Vfm]	-	269,0	563,5	1.581,5	7.724,3	5.497,7	11.299,0	3.595,1	3.342,4	2.301,0	36.173,5	202,8
jährlicher Zuwachs Derbholz	[Vfm/a]	-	0,0	60,8	66,7	255,5	133,6	205,6	55,5	41,7	24,2	843,5	4,7
geplante jährliche Nutzung	[Efm/a]	-	2,0	15,6	33,9	140,9	97,2	175,3	44,3	38,2	19,5	567,0	3,2

Baumart **Buche** (Rotbuche (*Fagus sylvatica*) und Hainbuche (*Carpinus betulus*))

Altersklasse	[Jahre]	Blöße	0-20	21-40	41-60	61-80	81-100	101-120	121-140	141-160	> 160	SUMME	Hektarwert
Mittlerer BHD*	[cm]	-	9,5	12,6	19,6	25,9	32,7	39,4	43,9	49,1	54,3	-	-
Holzboden	[ha]	0,1	13,0	5,7	0,0	6,4	4,3	4,6	3,8	2,5	4,3	44,7	-
Vorrat Derbholz	[Vfm]	-	30,6	62,2	0,0	1.582,6	1.199,4	1.061,8	1.210,6	934,5	1.450,1	7.531,7	168,6
jährlicher Zuwachs Derbholz	[Vfm/a]	-	2,6	0,0	0,0	68,5	39,1	29,6	24,8	15,3	25,1	204,9	4,6
geplante jährliche Nutzung	[Efm/a]	-	0,3	0,5	0,0	29,0	23,5	16,5	15,5	5,2	9,3	99,9	2,2

Baumart **Alh** (Andere Laubbäume mit hoher Umtriebszeit - Ahorn (*Acer spec.*), Elsbeere (*Sorbus torminalis*), Esche (*Fraxinus excelsior*), Esskastanie (*Castanea sativa*), Kirsche (*Prunus avium*), Linde (*Tilia spec.*), Nussbaum (*Juglans regia, J. nigra*), Robinie (*Robinia pseudoacacia*), Ulme (*Ulmus spec.*) u. a.)

Altersklasse	[Jahre]	Blöße	0-20	21-40	41-60	61-80	81-100	101-120	121-140	141-160	> 160	SUMME	Hektarwert
Mittlerer BHD*	[cm]	-	10,8	14,9	21,6	26,0	31,0	36,2	39,8	44,1	43,9	-	-
Holzboden	[ha]	0,1	19,8	17,9	4,9	8,6	7,8	4,0	9,4	0,8	0,4	73,5	-
Vorrat Derbholz	[Vfm]	-	162,0	1.269,7	665,4	1.965,7	2.159,3	1.077,1	3.016,3	308,8	101,9	10.726,3	145,9
jährlicher Zuwachs Derbholz	[Vfm/a]	-	27,7	93,0	21,4	28,4	30,5	6,4	13,1	0,5	0,1	221,3	3,0
geplante jährliche Nutzung	[Efm/a]	-	2,4	20,6	11,7	26,7	34,2	16,0	53,5	2,9	1,9	170,0	2,3

Baumart **Aln** (Andere Laubbäume mit niedriger Umtriebszeit - Birke (*Betula spec.*), Eberesche (*Sorbus aucuparia*), Erle (*Alnus spec.*), Pappeln (*Populus spec.*), Spätblühende Traubenkirsche (*Prunus serotina*), Weiden (*Salix spec.*) u. a.)

Altersklasse	[Jahre]	Blöße	0-20	21-40	41-60	61-80	81-100	101-120	121-140	141-160	> 160	SUMME	Hektarwert
Mittlerer BHD*	[cm]	-	11,6	16,2	24,4	29,7	34,2	38,4	43,2	43,8	44,9	-	-
Holzboden	[ha]	0,1	8,1	9,6	4,6	9,8	13,8	5,0	0,6	0,3	0,0	51,7	-
Vorrat Derbholz	[Vfm]	-	140,6	802,0	608,4	1.484,7	1.780,2	781,6	175,3	84,6	0,0	5.857,4	113,3
jährlicher Zuwachs Derbholz	[Vfm/a]	-	17,0	32,6	13,7	23,5	13,8	10,0	2,5	1,1	0,0	114,2	2,2
geplante jährliche Nutzung	[Efm/a]	-	1,0	23,7	15,2	41,8	49,7	18,0	2,3	0,8	0,0	152,7	3,0

Baumart		Fichte	(Fichten (*Picea spec.*), Tannen (*Abies spec.*), Thuja-Arten (*Thuja spec.*), Tsuga-Arten (*Tsuga spec.*) und sonstige Nadelbaumarten außer Douglasie, Kiefern und Lärchen)										
Altersklasse	[Jahre]	Blöße	0-20	21-40	41-60	61-80	81-100	101-120	121-140	141-160	> 160	SUMME	Hektarwert
Mittlerer BHD*	[cm]	-	11,1	17,2	26,0	32,7	37,5	41,4	46,0	48,7	52,5	-	-
Holzboden	[ha]	0,1	22,0	37,6	17,5	14,0	33,8	46,5	3,8	0,3	0,0	175,5	-
Vorrat Derbholz	[Vfm]	-	298,6	7.206,6	4.176,0	3.950,8	9.032,7	13.120,0	1.050,6	72,4	0,0	38.907,6	221,7
jährlicher Zuwachs Derbholz	[Vfm/a]	-	26,4	651,2	234,2	129,8	229,8	241,7	19,1	1,4	0,0	1.533,7	8,7
geplante jährliche Nutzung	[Efm/a]	-	5,0	343,6	109,7	71,1	161,2	186,3	16,9	0,9	0,0	894,8	5,1

Baumart		Douglasie	(Douglasie (*Pseudotsuga spec.*)										
Altersklasse	[Jahre]	Blöße	0-20	21-40	41-60	61-80	81-100	101-120	121-140	141-160	> 160	SUMME	Hektarwert
Mittlerer BHD*	[cm]	-	11,9	22,6	34,4	44,0	55,8	58,5	58,4	78,2	102,2	-	-
Holzboden	[ha]											0,0	-
Vorrat Derbholz	[Vfm]	-										0,0	0,0
jährlicher Zuwachs Derbholz	[Vfm/a]	-										0,0	0,0
geplante jährliche Nutzung	[Efm/a]	-										0,0	0,0

Baumart		Kiefer	(sämtliche Kiefernarten (*Pinus spec.*))										
Altersklasse	[Jahre]	Blöße	0-20	21-40	41-60	61-80	81-100	101-120	121-140	141-160	> 160	SUMME	Hektarwert
Mittlerer BHD*	[cm]	-	11,0	14,2	22,2	27,7	32,4	35,3	37,4	40,2	45,5	-	-
Holzboden	[ha]	0,1	2,4	25,8	42,3	44,1	37,8	20,3	2,6	3,9	2,3	181,6	-
Vorrat Derbholz	[Vfm]	-	18,3	5.310,2	10.433,9	12.626,8	8.967,5	4.575,4	627,7	1.138,3	701,1	44.399,2	244,4
jährlicher Zuwachs Derbholz	[Vfm/a]	-	2,4	371,3	419,0	313,4	158,8	63,0	7,5	11,3	6,0	1.352,6	7,4
geplante jährliche Nutzung	[Efm/a]	-	0,2	186,9	217,5	188,9	116,2	60,8	9,3	13,8	7,2	800,8	4,4

Baumart		Lärche	(sämtliche Lärchenarten (*Larix spec.*))										
Altersklasse	[Jahre]	Blöße	0-20	21-40	41-60	61-80	81-100	101-120	121-140	141-160	> 160	SUMME	Hektarwert
Mittlerer BHD*	[cm]	-	12,9	19,9	30,5	36,7	42,1	47,4	49,8	50,6	54,9	-	-
Holzboden	[ha]	0,1	0,2	7,0	3,3	12,1	8,7	5,2	1,1	0,2	0,0	37,8	-
Vorrat Derbholz	[Vfm]	-	29,6	1.064,9	768,3	2.440,6	1.483,7	991,5	187,5	58,1	0,0	7.024,2	186,1
jährlicher Zuwachs Derbholz	[Vfm/a]	-	3,4	82,8	25,8	47,1	20,8	9,3	1,1	0,3	0,0	190,6	5,0
geplante jährliche Nutzung	[Efm/a]	-	0,3	36,0	13,2	35,3	28,3	16,2	1,6	0,2	0,0	131,1	3,5

* Für den mittleren BHD werden BWI3-Durchschnittswerte verwendet.

Klimarechner DFWR, Stand: 21.06.2018

Anhang 15 **Herleitung Habitatbaum-Vorrat Szenario A (Quelle: eigene Daten)**

Summe Einzelbaumvolumina	
[Vfm/100 Stk.]:	5,934
Habitatbäume gesamt [Stk.]	
(5 Stk./ha*828,5 ha)	4143
Habitatbaumvorrat	
[Vfm]	**245,82**

Anhang 16 **Flächenanteilige Verteilung Habitatbaumvorrat Projektszenario A je BAG (Quellen: eigene Daten; (ROPTE, 2016))**

BAG	Fläche Akl. 2	Volumen [Vfm] anteilig
EI	8,44	18,505
BU	5,72	12,538
ALH	17,89	39,245
ALN	9,59	21,030
FI	37,64	82,557
KI	25,78	56,543
LÄ	7,02	15,398
Summe:	**112,08**	**245,816**

Anhang 17 **Sortierung Einzelbaumdaten nach BAG Projektszenario B (Quelle: eigene Erhebungen)**

Eiche:

Nr.	Adresse	Baumart	BHD	Volumen Dh
3	20 a2	REI	39	1,521
4	20 a2	REI	52	2,704
5	20 a2	REI	50	2,5
7	20 a2	EI	38	1,444
8	20 a2	EI	52	2,704
10	20 a2	EI	50	2,5
11	20 a2	EI	37	1,369
13	20 a6	EI	51	2,601
16	20 a6	REI	86	7,396
17	20 a6	REI	105	11,025
33	20 a8	EI	73	5,329
34	20 a8	EI	77	5,929
43	20 a11	EI	44	1,936
44	20 a11	EI	43	1,849
45	20 a11	EI	38	1,444
46	20 a11	EI	46	2,116
47	20 a10	EI	40	1,6
48	20 a10	EI	44	1,936
49	20 a10	EI	42	1,764
50	20 a10	EI	43	1,849
51	20 a10	EI	37	1,369
52	20 a10	EI	42	1,764
53	20 a9	EI	36	1,296
54	20 a9	EI	54	2,916
62	20 a5	EI	35	1,225
77	20 a4	EI	52	2,704
78	20 a4	EI	51	2,601
79	20 a4	EI	44	1,936
80	20 a4	EI	39	1,521
84	20 a4	EI	48	2,304
85	20 a4	EI	43	1,849
			Summe	**83,001**
			Eiche	

ALN:

Nr.	Adresse	Baumart	BHD	Volumen Dh
1	20 a2	BI	35	1,225
2	20 a2	BI	38	1,444
12	20 a2	BI	38	1,444
14	20 a6	BI	44	1,936
15	20 a6	BI	45	2,025
19	20 a6	BI	46	2,116
20	20 a6	BI	49	2,401
21	20 a7	BI	44	1,936
22	20a7	BI	47	2,209
23	20 a7	BI	39	1,521
24	20 a7	BI	36	1,296
25	20 a7	BI	46	2,116
30	20 a7	BI	53	2,809
35	20 a7	BI	37	1,369
36	20 a7	BI	46	2,116
37	20 a7	BI	39	1,521
38	20 a7	BI	42	1,764
40	20 a7	BI	42	1,764
41	20 a10	BI	36	1,296
42	20 a10	BI	42	1,764
61	20 a6	BI	36	1,296
63	20 a6	BI	53	2,809
64	20 a6	BI	54	2,916
65	20 a6	BI	52	2,704
66	20 a6	BI	39	1,521
67	20 a6	BI	42	1,764
68	20 a7	BI	35	1,225
69	20 a7	BI	41	1,681
70	20 a7	BI	41	1,681
71	20 a7	BI	43	1,849
72	20 a6	BI	53	2,809
73	20 a6	BI	51	2,601
75	20 a6	BI	40	1,6
			Summe	**62,528**
			ALN	

Buche:

Nr.	Adresse	Baumart	BHD	Volumen Dh
26	20 a8	BU	69	4,761
27	20 a8	BU	73	5,329
28	20 a8	BU	68	4,624
59	20 a10	BU	63	3,969
76	20 a4	BU	68	4,624
81	20 a4	BU	61	3,721
83	20 a4	BU	77	5,929
86	20 a4	BU	51	2,601
87	20 a4	BU	82	6,724
88	20 a4	BU	74	5,476
			Summe	**47,758**
			Buche	

ALH:

Nr.	Adresse	Baumart	BHD	Volumen Dh
9	20 a2	BAH	37	1,369
31	20 a8	BAH	81	6,561
32	20 a8	BAH	65	4,225
57	20 a 10	BAH	52	2,704
			Summe	**14,859**
			ALH	

Fichte:

Nr.	Adresse	Baumart	BHD	Volumen Dh
6	20 a2	FI	47	2,209
18	20 a6	FI	51	2,601
29	20 a7	FI	41	1,681
60	20 a10	FI	49	2,401
74	20 a6	FI	46	2,116
			Summe	**11,008**
			Fichte	

Kiefer:

Nr.	Adresse	Baumart	BHD	Volumen Dh
55	20 a9	KI	37	1,369
56	20 a9	KI	35	1,225
58	20 a10	KI	48	2,304
			Summe	**4,898**
			Kiefer	

Lärche:

Nr.	Adresse	Baumart	BHD	Volumen Dh
39	20 a7	ELA	47	2,209
82	20 a4	ELA	65	4,225
			Summe	**6,434**
			Lärche	

Anhang 18 **Errechnung gesamtbetrieblicher Habitatbaum-Vorrat Projektszenario B (Quelle: eigene Erhebungen)**

BAG	Vorrat Projekt	Gesamtstückzahl	Vorrat BAG
	[Vfm/100 Stk.]	[Stk.]	[Vfm]
EI	83,00	3065	2.543,87
BU	47,76	3065	1.463,72
ALH	14,86	3065	455,41
ALN	62,53	3065	1.916,40
FI	11,01	3065	337,38
KI	4,90	3065	150,12
ELA	6,43	3065	197,19
Summe	**230,49**		**7.064,09**

Anhang 19 Herleitung Eingabe-Daten DFWR-Klimarechner Projektszenario B (Quelle: eigene Erhebungen; (ROPTE, 2016))

Eiche:

Parameter	Einheit	Zeile	Berechnung	Akl: V	Akl: VI	Akl: VII	Akl: VIII	Akl: ≥ IX	Summe:	Hektarwerte (Summe/103,50)
Fläche Basisszenario	ha	A		23,44	48,95	12,62	11,59	6,91	103,50	
Gesamtfläche Basisszenario Akl. V bis ≥ IX	ha	B		103,50	103,50	103,50	103,50	103,50		
Vorrat Basisszenario Akl.	Vfm/Akl.	C		5.497,67	11.299,01	3.595,14	3.342,42	2.300,97	26.035,21	251,54
Habitatbaum-Vorrat BAG	Vfm/BAG	D		2.543,87	2.543,87	2.543,87	2.543,87	2.543,87		
Habitatbaum-Vorrat Akl.	Vfm/Akl.	E	D*C/∑C	537,17	1.104,01	351,28	326,58	224,83	2.543,87	
reduzierter Nutzbarer Vorrat	Vfm verbleibend/Akl.	F	C - E	4.960,50	10.195,00	3.243,86	3.015,84	2.076,15	23.491,34	226,96
Zuwachs Basisszenario	Vfm/a	G		133,59	205,61	55,51	41,71	24,18	460,60	4,45
anteilig reduzierter nutzbarer Zuwachs	Vfm/a	H	G * F / C	120,54	185,52	50,08	37,64	21,82	415,60	4,02
Nutzung Basisszenario	Efm/a	I		97,22	175,27	44,33	38,21	19,46	374,49	3,62
anteilig reduzierte Nutzung	Efm/a	J	I * F / C	87,72	158,15	40,00	34,48	17,56	337,90	3,26

Buche:

Parameter	Einheit	Zeile	Berechnung	Akl: V	Akl: VI	Akl: VII	Akl: VIII	Akl: ≥ IX	Summe:	Hektarwerte (Summe/103,50)
Fläche Basisszenario	ha	A		4,34	4,56	3,81	2,47	4,33	19,50	
Gesamtfläche Basisszenario Akl. V bis ≥ IX	ha	B		19,50	19,50	19,50	19,50	19,50		
Vorrat Basisszenario Akl.	Vfm/Akl.	C		1.199,40	1.061,83	1.210,61	934,45	1.450,08	5.856,37	300,26
Habitatbaum-Vorrat BAG	Vfm/BAG	D		1.463,72	1.463,72	1.463,72	1.463,72	1.463,72		
Habitatbaum-Vorrat Akl.	Vfm/Akl.	E	D*C/∑C	299,77	265,39	302,57	233,55	362,43	1.463,72	
reduzierter Nutzbarer Vorrat	Vfm verbleibend/Akl.	F	C - E	899,63	796,44	908,03	700,90	1.087,65	4.392,65	225,22
Zuwachs Basisszenario	Vfm/a	G		39,07	29,61	24,77	15,29	25,06	133,80	6,86
anteilig reduzierter nutzbarer Zuwachs	Vfm/a	H	G * F / C	29,30	22,21	18,58	11,47	18,79	100,36	5,15
Nutzung Basisszenario	Efm/a	I		23,54	16,51	15,49	5,20	9,26	70,00	3,59
anteilig reduzierte Nutzung	Efm/a	J	I * F / C	17,66	12,38	11,62	3,90	6,95	52,50	2,69

ALH:

Parameter	Einheit	Zeile	Berechnung	Akl: V	Akl: VI	Akl: VII	Akl: VIII	Akl: ≥ IX	Summe:	Hektarwerte (Summe/103,50)
Fläche Basisszenario	ha	A		7,83	4,00	9,39	0,76	0,36	22,34	
Gesamtfläche Basisszenario Akl. V bis ≥ IX	ha	B		22,34	22,34	22,34	22,34	22,34		
Vorrat Basisszenario Akl.	Vfm/Akl.	C		2.159,33	1.077,12	3.016,33	308,77	101,90	6.663,44	298,31
Habitatbaum-Vorrat BAG	Vfm/BAG	D		455,41	455,41	455,41	455,41	455,41		
Habitatbaum-Vorrat Akl.	Vfm/Akl.	E	D*C/∑C	147,58	73,61	206,15	21,10	6,96	455,41	
reduzierter Nutzbarer Vorrat	Vfm verbleibend/Akl.	F	C - E	2.011,75	1.003,50	2.810,18	287,66	94,94	6.208,03	277,92
Zuwachs Basisszenario	Vfm/a	G		30,52	6,41	13,14	0,53	0,11	50,71	2,27
anteilig reduzierter nutzbarer Zuwachs	Vfm/a	H	G * F / C	28,44	5,97	12,24	0,50	0,10	47,25	2,12
Nutzung Basisszenario	Efm/a	I		34,24	16,00	53,50	2,85	1,94	108,53	4,86
anteilig reduzierte Nutzung	Efm/a	J	I * F / C	31,90	14,91	49,84	2,66	1,80	101,11	4,53

ALN:

Parameter	Einheit	Zeile	Berechnung	Akl: V	Akl: VI	Akl: VII	Akl: VIII	Akl: ≥ IX	Summe:	Hektarwerte (Summe/103,50)
Fläche Basisszenario	ha	A		13,80	5,00	0,55	0,25	-	19,61	
Gesamtfläche Basisszenario Akl. V bis ≥ IX	ha	B		19,61	19,61	19,61	19,61	-		
Vorrat Basisszenario Akl.	Vfm/Akl.	C		1.780,25	781,60	175,27	84,58	-	2.821,70	143,92
Habitatbaum-Vorrat BAG	Vfm/BAG	D		1.916,40	1.916,40	1.916,40	1.916,40	-		
Habitatbaum-Vorrat Akl.	Vfm/Akl.	E	D*C/∑C	1.209,08	530,83	119,04	57,44	-	1.916,40	
reduzierter Nutzbarer Vorrat	Vfm verbleibend/Akl.	F	C - E	571,17	250,76	56,23	27,14	-	905,30	46,17
Zuwachs Basisszenario	Vfm/a	G		13,80	10,01	2,48	1,07	-	27,35	1,40
anteilig reduzierter nutzbarer Zuwachs	Vfm/a	H	G * F / C	4,43	3,21	0,79	0,34	-	8,78	0,45
Nutzung Basisszenario	Efm/a	I		49,73	18,04	2,34	0,82	-	70,92	3,62
anteilig reduzierte Nutzung	Efm/a	J	I * F / C	15,95	5,79	0,75	0,26	-	22,76	1,16

Fichte:

Parameter	Einheit	Zeile	Berechnung	Akl: V	Akl: VI	Akl: VII	Akl: VIII	Akl: ≥ IX	Summe:	Hektarwerte (Summe/103,50)
Fläche Basisszenario	ha	A		33,80	46,49	3,82	0,32	-	**84,43**	
Gesamtfläche Basisszenario Akl. V bis ≥ IX	ha	B		84,43	84,43	84,43	84,43	-		
Vorrat Basisszenario Akl.	Vfm/Akl.	C		9.032,69	13.120,02	1.050,62	72,35	-	**23.275,68**	**275,69**
Habitatbaum-Vorrat BAG	Vfm/BAG	D		337,38	337,38	337,38	337,38	-		
Habitatbaum-Vorrat Akl.	Vfm/Akl.	E	D*C/∑C	130,93	190,17	15,23	1,05	-	337,38	
reduzierter Nutzbarer Vorrat	Vfm verbleibend/Akl.	F	C - E	**8.901,76**	**12.929,85**	**1.035,39**	**71,30**	-	**22.938,30**	**271,69**
Zuwachs Basisszenario	Vfm/a	G		229,85	241,74	19,11	1,42	-	492,12	5,83
anteilig reduzierter nutzbarer Zuwachs	Vfm/a	H	G * F / C	**226,52**	**238,23**	**18,83**	**1,40**	-	**484,98**	**5,74**
Nutzung Basisszenario	Efm/a	I		161,21	186,28	16,92	0,92	-	365,32	4,33
anteilig reduzierte Nutzung	Efm/a	J	I * F / C	**158,87**	**183,58**	**16,67**	**0,90**	-	**360,03**	**4,26**

Kiefer:

Parameter	Einheit	Zeile	Berechnung	Akl: V	Akl: VI	Akl: VII	Akl: VIII	Akl: ≥ IX	Summe:	Hektarwerte (Summe/103,50)
Fläche Basisszenario	ha	A		37,81	20,32	2,58	3,90	2,29	**66,90**	
Gesamtfläche Basisszenario Akl. V bis ≥ IX	ha	B		66,90	66,90	66,90	66,90	66,90		
Vorrat Basisszenario Akl.	Vfm/Akl.	C		8.967,47	4.575,45	627,72	1.138,26	701,09	**16.009,99**	**239,31**
Habitatbaum-Vorrat BAG	Vfm/BAG	D		150,12	150,12	150,12	150,12	150,12		
Habitatbaum-Vorrat Akl.	Vfm/Akl.	E	D*C/∑C	84,08	42,90	5,89	10,67	6,57	150,12	
reduzierter Nutzbarer Vorrat	Vfm verbleibend/Akl.	F	C - E	**8.883,39**	**4.532,55**	**621,84**	**1.127,58**	**694,52**	**15.859,87**	**237,07**
Zuwachs Basisszenario	Vfm/a	G		158,79	62,99	7,48	11,32	5,96	246,53	3,69
anteilig reduzierter nutzbarer Zuwachs	Vfm/a	H	G * F / C	**157,30**	**62,40**	**7,41**	**11,21**	**5,91**	**244,22**	**3,65**
Nutzung Basisszenario	Efm/a	I		116,17	60,84	9,27	13,76	7,24	207,27	3,10
anteilig reduzierte Nutzung	Efm/a	J	I * F / C	**115,08**	**60,27**	**9,19**	**13,63**	**7,17**	**205,33**	**3,07**

Lärche:

Parameter	Einheit	Zeile	Berechnung	Akl: V	Akl: VI	Akl: VII	Akl: VIII	Akl: ≥ IX	Summe:	Hektarwerte (Summe/103,50)
Fläche Basisszenario	ha	A		8,65	5,18	1,10	0,19	-	**15,12**	
Gesamtfläche Basisszenario Akl. V bis ≥ IX	ha	B		15,12	15,12	15,12	15,12	-		
Vorrat Basisszenario Akl.	Vfm/Akl.	C		1.483,71	991,52	187,50	58,08	-	**2.720,81**	**179,92**
Habitatbaum-Vorrat BAG	Vfm/BAG	D		197,19	197,19	197,19	197,19	-		
Habitatbaum-Vorrat Akl.	Vfm/Akl.	E	D*C/∑C	107,53	71,86	13,59	4,21	-	197,19	
reduzierter Nutzbarer Vorrat	Vfm verbleibend/Akl.	F	C - E	**1.376,18**	**919,66**	**173,91**	**53,87**	-	**2.523,62**	**166,88**
Zuwachs Basisszenario	Vfm/a	G		20,76	9,32	1,10	0,29	-	31,47	2,08
anteilig reduzierter nutzbarer Zuwachs	Vfm/a	H	G * F / C	**19,26**	**8,64**	**1,02**	**0,27**	-	**29,19**	**1,93**
Nutzung Basisszenario	Efm/a	I		97,22	175,27	44,33	38,21	-	355,03	23,48
anteilig reduzierte Nutzung	Efm/a	J	I * F / C	**28,33**	**16,20**	**1,63**	**0,20**	-	**46,37**	**3,07**

Anhang 20 **Eingabe Projektszenario B DFWR-Klimarechner (Quelle: eigene Daten; (ROPTE,2016); (DFWR, 2018))**

Eingabe der Forsteinrichtungsdaten

Betriebsdaten	
Objektname	Stadtwald Gera (Projektszenario B)
Stichtag der Forsteinrichtungsdaten	01.01.2016

Baumart **Eiche** (sämtliche Eichenarten (*Quercus spec.*))

Altersklasse	[Jahre]	Blöße	0-20	21-40	41-60	61-80	81-100	101-120	121-140	141-160	> 160	SUMME	Hektarwert
Mittlerer BHD*	[cm]	-	10,3	13,6	22,2	27,3	34,1	40,5	45,5	50,4	60,1	-	-
Holzboden	[ha]	0,1	20,1	8,4	8,1	38,1	23,4	49,0	12,6	11,6	6,9	178,4	-
Vorrat Derbholz	[Vfm]	-	269,0	563,5	1.581,5	7.724,3	5.497,7	11.299,0	3.595,1	3.342,4	2.301,0	36.173,5	202,8
jährlicher Zuwachs Derbholz	[Vfm/a]	-	0,0	60,8	66,7	255,5	133,6	205,6	55,5	41,7	24,2	843,5	4,7
geplante jährliche Nutzung	[Efm/a]	-	2,0	15,6	33,9	140,9	87,7	158,1	40,0	34,5	17,6	530,4	3,0

Baumart **Buche** (Rotbuche (*Fagus sylvatica*) und Hainbuche (*Carpinus betulus*))

Altersklasse	[Jahre]	Blöße	0-20	21-40	41-60	61-80	81-100	101-120	121-140	141-160	> 160	SUMME	Hektarwert
Mittlerer BHD*	[cm]	-	9,5	12,6	19,6	25,9	32,7	39,4	43,9	49,1	54,3	-	-
Holzboden	[ha]	0,1	13,0	5,7	0,0	6,4	4,3	4,6	3,8	2,5	4,3	44,7	-
Vorrat Derbholz	[Vfm]	-	30,6	62,2	0,0	1.582,6	1.199,4	1.061,8	1.210,6	934,5	1.450,1	7.531,7	168,6
jährlicher Zuwachs Derbholz	[Vfm/a]	-	2,6	0,0	0,0	68,5	39,1	29,6	24,8	15,3	25,1	204,9	4,6
geplante jährliche Nutzung	[Efm/a]	-	0,3	0,5	0,0	29,0	17,7	12,4	11,6	3,9	6,9	82,4	1,8

Baumart **Alh** (Andere Laubbäume mit hoher Umtriebszeit - Ahorn (*Acer spec.*), Elsbeere (*Sorbus torminalis*), Esche (*Fraxinus excelsior*), Esskastanie (*Castanea sativa*), Kirsche (*Prunus avium*), Linde (*Tilia spec.*), Nussbaum (*Juglans regia, J. nigra*), Robinie (*Robinia pseudoacacia*), Ulme (*Ulmus spec.*) u. a.)

Altersklasse	[Jahre]	Blöße	0-20	21-40	41-60	61-80	81-100	101-120	121-140	141-160	> 160	SUMME	Hektarwert
Mittlerer BHD*	[cm]	-	10,8	14,9	21,6	26,0	31,0	36,2	39,8	44,1	43,9	-	-
Holzboden	[ha]		19,8	17,9	4,9	8,6	7,8	4,0	9,4	0,8	0,4	73,5	-
Vorrat Derbholz	[Vfm]	-	162,0	1.269,7	665,4	1.965,7	2.159,3	1.077,1	3.016,3	308,8	101,9	10.726,3	146,0
jährlicher Zuwachs Derbholz	[Vfm/a]	-	27,7	93,0	21,4	28,4	30,5	6,4	13,1	0,5	0,1	221,3	3,0
geplante jährliche Nutzung	[Efm/a]	-	2,4	20,6	11,7	26,7	31,9	14,9	49,8	2,7	1,8	162,6	2,2

Baumart **Aln** (Andere Laubbäume mit niedriger Umtriebszeit - Birke (*Betula spec.*), Eberesche (*Sorbus aucuparia*), Erle (*Alnus spec.*), Pappeln (*Populus spec.*), Spätblühende Traubenkirsche (*Prunus serotina*), Weiden (Salix spec.) u. a.)

Altersklasse	[Jahre]	Blöße	0-20	21-40	41-60	61-80	81-100	101-120	121-140	141-160	> 160	SUMME	Hektarwert
Mittlerer BHD*	[cm]	-	11,6	16,2	24,4	29,7	34,2	38,4	43,2	43,8	44,9	-	-
Holzboden	[ha]	0,1	8,1	9,6	4,6	9,8	13,8	5,0	0,6	0,3	0,0	51,7	-
Vorrat Derbholz	[Vfm]	-	140,6	802,0	608,4	1.484,7	1.780,2	781,6	175,3	84,6	0,0	5.857,4	113,3
jährlicher Zuwachs Derbholz	[Vfm/a]	-	17,0	32,6	13,7	23,5	13,8	10,0	2,5	1,1	0,0	114,2	2,2
geplante jährliche Nutzung	[Efm/a]	-	1,0	23,7	15,2	41,8	16,0	5,8	0,8	0,3	0,0	104,5	2,0

Baumart		Fichte	(Fichten (*Picea spec.*), Tannen (*Abies spec.*), Thuja-Arten (*Thuja spec.*), Tsuga-Arten (*Tsuga spec.*) und sonstige Nadelbaumarten außer Douglasie, Kiefern und Lärchen)										
Altersklasse	[Jahre]	Blöße	0-20	21-40	41-60	61-80	81-100	101-120	121-140	141-160	> 160	SUMME	Hektarwert
Mittlerer BHD*	[cm]	-	11,1	17,2	26,0	32,7	37,5	41,4	46,0	48,7	52,5	-	-
Holzboden	[ha]	0,1	22,0	37,6	17,5	14,0	33,8	46,5	3,8	0,3	0,0	175,5	-
Vorrat Derbholz	[Vfm]	-	298,6	7.206,6	4.176,0	3.950,8	9.032,7	13.120,0	1.050,6	72,4	0,0	38.907,6	221,7
jährlicher Zuwachs Derbholz	[Vfm/a]	-	26,4	651,2	234,2	129,8	229,8	241,7	19,1	1,4	0,0	1.533,7	8,7
geplante jährliche Nutzung	[Efm/a]	-	5,0	343,6	109,7	71,1	158,9	183,6	16,7	0,9	0,0	889,5	5,1

Baumart		Douglasie	(Douglasie (*Pseudotsuga spec.*)										
Altersklasse	[Jahre]	Blöße	0-20	21-40	41-60	61-80	81-100	101-120	121-140	141-160	> 160	SUMME	Hektarwert
Mittlerer BHD*	[cm]	-	11,9	22,6	34,4	44,0	55,8	58,5	58,4	78,2	102,2	-	-
Holzboden	[ha]											0,0	-
Vorrat Derbholz	[Vfm]	-										0,0	0,0
jährlicher Zuwachs Derbholz	[Vfm/a]	-										0,0	0,0
geplante jährliche Nutzung	[Efm/a]	-										0,0	0,0

Baumart		Kiefer	(sämtliche Kiefernarten (*Pinus spec.*))										
Altersklasse	[Jahre]	Blöße	0-20	21-40	41-60	61-80	81-100	101-120	121-140	141-160	> 160	SUMME	Hektarwert
Mittlerer BHD*	[cm]	-	11,0	14,2	22,2	27,7	32,4	35,3	37,4	40,2	45,5	-	-
Holzboden	[ha]	0,1	2,4	25,8	42,3	44,1	37,8	20,3	2,6	3,9	2,3	181,6	-
Vorrat Derbholz	[Vfm]	-	18,3	5.310,2	10.433,9	12.626,8	8.967,5	4.575,4	627,7	1.138,3	701,1	44.399,2	244,4
jährlicher Zuwachs Derbholz	[Vfm/a]	-	2,4	371,3	419,0	313,4	158,8	63,0	7,5	11,3	6,0	1.352,6	7,4
geplante jährliche Nutzung	[Efm/a]	-	0,2	186,9	217,5	188,9	115,1	60,3	9,2	13,6	7,2	798,8	4,4

Baumart		Lärche	(sämtliche Lärchenarten (*Larix spec.*))										
Altersklasse	[Jahre]	Blöße	0-20	21-40	41-60	61-80	81-100	101-120	121-140	141-160	> 160	SUMME	Hektarwert
Mittlerer BHD*	[cm]	-	12,9	19,9	30,5	36,7	42,1	47,4	49,8	50,6	54,9	-	-
Holzboden	[ha]	0,1	0,2	7,0	3,3	12,1	8,7	5,2	1,1	0,2	0,0	37,8	-
Vorrat Derbholz	[Vfm]	-	29,6	1.064,9	768,3	2.440,6	1.483,7	991,5	187,5	58,1	0,0	7.024,2	186,1
jährlicher Zuwachs Derbholz	[Vfm/a]	-	3,4	82,8	25,8	47,1	20,8	9,3	1,1	0,3	0,0	190,6	5,0
geplante jährliche Nutzung	[Efm/a]	-	0,3	36,0	13,2	35,3	26,3	15,0	1,5	0,2	0,0	127,8	3,4

* Für den mittleren BHD werden BWI3-Durchschnittswerte verwendet.

Klimarechner DFWR, Stand: 21.06.2018

Anhang 21 **Hauptergebnisse DFWR-Klimarechner Basisvariante und Projektszenario A (Quellen: (ROPTE, 2016); (DFWR, 2018))**

Klimarechner DFWR - Stadtwald Gera (Basisvariante)

Stichtag der Forsteinrichtungsdaten: *01.01.2016*

Zusammenfassung der Forsteinrichtungsdaten

		Eiche	Buche	ALh	ALn	Fichte	Douglasie	Kiefer	Lärche	Betrieblicher Mittelwert	Gesamtergebnis Forstbetrieb
Daten der Forsteinrichtung											
Holzboden	[ha]	178	45	74	52	176	0	182	38		**743 ha**
Vorrat Derbholz	[Vfm/ha]	202,8	168,6	145,9	113,3	221,7	0,0	244,4	186,1	**203**	**150.620 Vfm**
jährlicher Zuwachs Derbholz	[Vfm/ha]	4,7	4,6	3,0	2,2	8,7	0,0	7,4	5.0	**6,0**	**4.461 Vfm**
geplante jährliche Nutzung Derbholz	[Efm/ha]	3,2	2,2	2,3	3,0	5,1	0,0	4,4	3.5	**3,8**	**2.816 Efm**
Vorrat, Zuwachs und Nutzung in CO_2-Äquivalenten											
Vorrat Derbholz	[t CO_2/ha]	208,8	171,5	146,5	94,7	153,4	0,0	193,2	166,4	**173,4**	**128.869 t CO_2**
jährlicher Zuwachs Derbholz	[t CO_2/ha]	4,9	4,7	3,0	1,8	6,0	0,0	5,9	4.5	**5,0**	**3.695 t CO_2**
geplante jährliche Nutzung	[t CO_2/ha]	4,1	2,8	2,9	3,1	4,4	0,0	4,4	3.9	**4,0**	**2.941 t CO_2**
Klimaschutzleistung durch Forstwirtschaft und Holzverwendung											
Waldspeicher *jährliche Nettoerhöhung*	[t CO_2/ha]	*0,8*	*1,8*	*0,1*	*-1,2*	*1,6*	*0,0*	*1,5*	*0,6*	**1,0**	***754*** **t CO_2**
Holzproduktespeicher *jährliche Nettoerhöhung*	[t CO_2/ha]	*0,1*	*0,0*	*0,0*	*0,0*	*0,2*	*0,0*	*0,1*	*0,2*	**0,1**	***81*** **t CO_2**
Substitution jährliche Substitution											
- stofflich lange, mittlere Lebensdauer	[t CO_2/ha]	0,8	0,5	0,5	0,2	1,8	0,0	1,6	1,8	**1,2**	**869 t CO_2**
- stofflich Kaskadennutzung	[t CO_2/ha]	0,0	0,0	0,0	0,0	0,1	0,0	0,1	0,1	**0,1**	**44 t CO_2**
- stofflich kurze Lebensdauer	[t CO_2/ha]	0,3	0,2	0,2	0,1	0,6	0,0	0,5	0,6	**0,4**	**291 t CO_2**
- energetisch aus Wald	[t CO_2/ha]	1,4	1,0	1,1	1,4	0,6	0,0	0,8	0,4	**1,0**	**724 t CO_2**
- energetisch kurze Lebensdauer	[t CO_2/ha]	0,4	0,3	0,2	0,1	0,9	0,0	0,8	0,9	**0,6**	**464 t CO_2**
- energetisch Kaskadennutzung	[t CO_2/ha]	0,3	0,2	0,2	0,1	0,7	0,0	0,6	0,7	**0,4**	**334 t CO_2**
Summe jährliche Substitution	[t CO_2/ha]	*3,3*	*2,2*	*2,2*	*2,0*	*4,7*	*0,0*	*4,4*	*4,4*	**3,7**	***2.726*** **t CO_2**
Jährliche Klimaschutzleistung Forst & Holz	**[t CO_2/ha]**	**4,1**	**4,0**	**2,3**	**0,7**	**6,5**	**0,0**	**6,1**	**5,2**	**4,8**	**3.561 t CO_2**

Klimarechner DFWR, Stand: 21.06.2018

Anhang 22 Hauptergebnisse DFWR-Klimarechner Projektszenario B (Quellen: (ROPTE, 2016); (DFWR, 2018))

Klimarechner DFWR - Stadtwald Gera (Projektszenario B)

Stichtag der Forsteinrichtungsdaten: *01.01.2016*

Zusammenfassung der Forsteinrichtungsdaten

			Eiche	Buche	ALh	ALn	Fichte	Douglasie	Kiefer	Lärche	Betrieblicher Mittelwert	Gesamtergebnis Forstbetrieb
Daten der Forsteinrichtung												
	Holzboden	[ha]	178	45	73	52	176	0	182	38		**743 ha**
	Vorrat Derbholz	[Vfm/ha]	202,8	168,6	146,0	113,3	221,7	0,0	244,4	186,1	**203**	**150.620 Vfm**
	jährlicher Zuwachs Derbholz	[Vfm/ha]	4,7	4,6	3,0	2,2	8,7	0,0	7,4	5,0	**6,0**	**4.461 Vfm**
	geplante jährliche Nutzung Derbholz	[Efm/ha]	3,0	1,8	2,2	2,0	5,1	0,0	4,4	3,4	**3,6**	**2.696 Efm**
Vorrat, Zuwachs und Nutzung in CO_2-Äquivalenten												
	Vorrat Derbholz	[t CO_2/ha]	208,8	171,5	146,6	94,7	153,4	0,0	193,2	166,4	**173,4**	**128.869 t CO_2**
	jährlicher Zuwachs Derbholz	[t CO_2/ha]	4,9	4,7	3,0	1,8	6,0	0,0	5,9	4,5	**5,0**	**3.695 t CO_2**
	geplante jährliche Nutzung	[t CO_2/ha]	3,8	2,3	2,8	2,1	4,4	0,0	4,3	3,8	**3,8**	**2.802 t CO_2**
Klimaschutzleistung durch Forstwirtschaft und Holzverwendung												
Waldspeicher	*jährliche Nettoerhöhung*	[t CO_2/ha]	*1,0*	*2,3*	*0,2*	*-0,3*	*1,7*	*0,0*	*1,5*	*0,7*	**1,2**	***893* t CO_2**
Holzproduktespeicher	*jährliche Nettoerhöhung*	[t CO_2/ha]	*0,1*	*0,0*	*0,0*	*0,0*	*0,2*	*0,0*	*0,1*	*0,2*	**0,1**	***79* t CO_2**
Substitution	jährliche Substitution											
	- stofflich lange, mittlere Lebensdauer	[t CO_2/ha]	0,7	0,4	0,4	0,1	1,7	0,0	1,6	1,7	**1,1**	**842 t CO_2**
	- stofflich Kaskadennutzung	[t CO_2/ha]	0,0	0,0	0,0	0,0	0,1	0,0	0,1	0,1	**0,1**	**43 t CO_2**
	- stofflich kurze Lebensdauer	[t CO_2/ha]	0,2	0,1	0,1	0,0	0,6	0,0	0,5	0,6	**0,4**	**282 t CO_2**
	- energetisch aus Wald	[t CO_2/ha]	1,3	0,9	1,1	1,0	0,6	0,0	0,8	0,4	**0,9**	**676 t CO_2**
	- energetisch kurze Lebensdauer	[t CO_2/ha]	0,4	0,2	0,2	0,1	0,9	0,0	0,8	0,9	**0,6**	**450 t CO_2**
	- energetisch Kaskadennutzung	[t CO_2/ha]	0,3	0,2	0,2	0,0	0,7	0,0	0,6	0,7	**0,4**	**323 t CO_2**
	Summe jährliche Substitution	[t CO_2/ha]	*3,0*	*1,8*	*2,1*	*1,3*	*4,7*	*0,0*	*4,4*	*4,3*	**3,5**	***2.616* t CO_2**
Jährliche Klimaschutzleistung Forst & Holz		**[t CO_2/ha]**	**4,1**	**4,1**	**2,3**	**1,0**	**6,5**	**0,0**	**6,1**	**5,2**	**4,8**	**3.588 t CO_2**

Klimarechner DFWR, Stand: 21.06.2018

Informationen
zur Reihe und zu den Autoren

Zur Reihe: Wald in Raum und Öffentlichkeit

Praxisorientiert · Wissenschaftlich · Forstlich

Wald ist eine raumgreifende Landnutzung, an die die Gesellschaft eine Vielzahl von Ansprüchen stellt. Die Reihe behandelt Fragen aus Recht, Politik, Soziologie und Geschichte des Waldes sowie seiner Nutzung unter besonderer Berücksichtigung der Bedeutung der Waldfläche in Raum- und Landschaftsplanung. Ausgangspunkt der Beschäftigung ist dabei der vom Menschen genutzte oder beeinflusste Wald mit seinen vielfältigen Leistungen für Gesellschaft, Natur und Umwelt. Die Reihe ist in diesem Sinne als forstliche Schriftenreihe zu sehen. Sie soll Praxis, Ausbildung und Wissenschaft gleichermaßen dienen.

In der Reihe Wald in Raum und Öffentlichkeit sind erschienen:

Bd. 1: Forst- & Umweltrecht in Niedersachsen	4. Aufl. 2021
Bd. 2: Forst- & Jagdrecht im Freistaat Thüringen	3. Aufl. 2023
Bd. 3: Forst- & Klimarecht in Hessen	1. Aufl. 2019
Bd. 4: Forst- & Jagdrecht im Freistaat Sachsen	2. Aufl. 2023
Bd. 5: Nds. Forstrecht für Anfänger	3. Aufl. 2017
Bd. 6: Nds. Forst- & Umweltrecht für Fortgeschrittene	3. Aufl. 2017
Bd. 7: Walderhaltung- & Waldmehrungspolitik (Haupt-Bd.)	1. Aufl. 2020
Bd. 8: Walderhaltung- & Waldmehrungspolitik (Erg.-Bd.)	1. Aufl. 2020
Bd. 9: Forst- & Jagdrecht in Brandenburg	1. Aufl. 2021
Bd. 10: Habitatbäume als Steuerungsmittel der Forstpolitik	1. Aufl. 2023

Zu den Autoren

Maurice Schäfer studierte den dualen Bachelorstudiengang "Forstwirtschaft und Ökosystemmanagement" an der Fachhochschule Erfurt als erster dualer Student in Deutschland in Kooperation mit einem Privatforstbetrieb. Seit dem erfolgreichen Abschluss 2023 ist er im Bereich forstlicher Dienstleistungen sowie Baum- und Landschaftspflege in Ostthüringen tätig.

Justus Eberl studierte Rechts- und Forstwissenschaften in Freiburg im Breisgau, Buenos Aires und Göttingen. Promotion am Lehrstuhl für Forstpolitik und Forstliche Ressourcenökonomie der TU Dresden in Tharandt. Vorbereitungsdienst und Zweite Juristische Staatsprüfung in Niedersachsen. Seit 2022 Professor für Forstpolitik und Umweltrecht an der Fachhochschule Erfurt.

Wald in Raum und Öffentlichkeit
Band 7

Justus Eberl

Walderhaltungs- und Waldmehrungspolitik
Kohärenz der Programmgestaltung eines Politikfeldes
in Deutschland unter besonderer Berücksichtigung der Situation in Thüringen

Hauptband

Zu Beginn des 21. Jahrhunderts ist die Waldpolitik zahlreichen neuen, auch widersprüchlichen Politikzielen ausgesetzt. Der Wald wird vom Klimawandel bedroht, zum anderen soll er wichtige Beiträge zum Klimaschutz erbringen. Dabei ist umstritten, ob eine forstliche Nutzung- oder ein Nutzungsverzicht am effektivsten zur Erreichung der Klimaschutzziele beiträgt. Eine ähnliche Kontroverse ist im Bereich des Schutzes der Biodiversität im Wald festzustellen. Neben diesen neuen Zielen muss der Wald weiterhin die Leistungen erbringen, die die Gesellschaft seit jeher von ihm erwartet.

Die vorliegende Studie untersucht die Wechselbeziehungen zwischen den Politikzielen verschiedener Politikfelder in Bezug auf die Waldfläche. Dabei wird der Policy Coherence Framework erstmals auf drei Politikebenen (EU-, Bunds- und Landesebene) sowie auf mehr als zwei Politikfelder angewandt und weiterentwickelt. Aktuelle Programme wie die LULUCF-VO der Europäischen Union, Bundes- und Landeswaldprogramme, Nachhaltigkeits-, Bioökonomie- und Biodiversitätsstrategien wurden untersucht. Die Diskussion erfolgt entlang der prominentesten Zielkonflikte, wie bspw. dem Ziel, mindestens 5% der Waldfläche aus der Nutzung zu nehmen. Schließlich werden konkrete Lösungsvorschläge für einige Zielkonflikte vorgestellt und diskutiert.

Eine übersichtliche und kompakte Zusammenfassung der waldbezogenen Politikziele aus den untersuchten Programmen findet sich im Ergänzungsband. Diese mag auch der Praxis als hilfreicher Wegweiser durch die aktuellen Politikprogramme mit Waldflächenbezug dienen.

Produktinformationen

Preis	59,90 EUR	ISBN-10	3-7448-5525-2
Ausgabe	1. Aufl. 2020	ISBN-13	978-374-485525-9
Taschenbuch	Softcover, 424 Seiten	Verlag	BoD - Books on Demand, Norderstedt
Format	17 x 4 x 22 cm		

Wald in Raum und Öffentlichkeit
Band 8

Justus Eberl

Walderhaltungs- und Waldmehrungspolitik
Kohärenz der Programmgestaltung eines Politikfeldes
in Deutschland unter besonderer Berücksichtigung der Situation in Thüringen

Ergänzungsband

Was „will" die aktuelle Politik vom Wald? Welche Ziele werden in aktuellen Politikprogrammen in Bezug auf Walderhaltung, Waldmehrung und Waldnutzung formuliert? Der Ergänzungsband liefert eine übersichtliche und kompakte Zusammenfassung der Politikziele aus allen Politikfeldern, die von Relevanz für den Wald sind. Dabei werden nicht nur forstpolitische Programme in den Blick genommen, sondern auch solche aus den Bereichen Natur- und Klimaschutz, Bioökonomie, Erholung, u.a.m. Dieses Kompendium mag auch dem Praktiker als hilfreicher Wegweiser durch die aktuellen Politikprogramme mit Waldflächenbezug dienen. Berücksichtigt wurden Dokumente von der Ebene der EU, des Bundes und des Landes.

Dargestellt sind 46 Programme der EU, des Bundes und des Freistaats Thüringen, u.a.:
- LULUCF-VO, EU Waldstrategie, Grünbuch Waldschutz, FFH-Richtlinie
- Nationale Nachhaltigkeitsstrategie (2002 & 2017), Klimaschutzplan 2050
- National Biodiversitätsstrategie, Nationale Politikstrategie Bioökonomie
- Charta für Holz (2004) & Charta für Holz 2.0 (2017)
- Thüringer Nachhaltigkeitsstrategie, Thüringer Biodiversitätsstrategie
- Thüringer Landesentwicklungsprogramm
- Thüringer Klima- und Anpassungsprogramm, Thüringer Bioenergieprogramm,
- Thüringer Landeswaldprogramm, Thüringer Forstprogramm

Produktinformationen

Preis	49,90 EUR	ISBN-10	375-267-008-8
Ausgabe	1. Aufl. 2020	ISBN-13	978-375-267-008-0
Taschenbuch	Softcover, 200 Seiten	Verlag	BoD - Books on Demand, Norderstedt
Format	17 x 1,4 x 22 cm